高职高专“十二五”规划教材

金属塑性变形与轧制原理

主编　任汉恩

北　京
冶　金　工　业　出　版　社
2024

内 容 提 要

全书共有12个教学项目，主要内容包括金属塑性变形知识、轧制原理知识，不同工艺因素对金属塑性的影响规律、不同加工条件对金属组织和性能的影响规律，轧制过程中塑性变形的现象与变形规律、不同变形的内在联系及其和力能参数的关系以及塑性变形时力能参数计算方法等，通过教学，可以培养学生在今后的轧钢生产中利用有利的因素与条件来降低生产能耗、提高产品质量和成材率的能力，以及分析问题、解决问题的能力。

本书可作为高职高专材料成型与控制技术（轧钢）专业的教学用书，也可供轧钢企业职工培训或相关领域的工程技术人员参考。

图书在版编目(CIP)数据

金属塑性变形与轧制原理/任汉恩主编．—北京：冶金工业出版社，2015.7（2024.7重印）

高职高专“十二五”规划教材

ISBN 978-7-5024-6971-9

Ⅰ.①金…　Ⅱ.①任…　Ⅲ.①金属—塑性变形—高等职业教育—教材②金属—轧制理论—高等职业教育—教材　Ⅳ.①TG111.7　②TG331

中国版本图书馆CIP数据核字(2015)第158035号

金属塑性变形与轧制原理

出版发行　冶金工业出版社　　**电　话**　(010)64027926

地　址　北京市东城区嵩祝院北巷39号　　**邮　编**　100009

网　址　www.mip1953.com　　**电子信箱**　service@mip1953.com

责任编辑　杨盈园　美术编辑　彭子赫　版式设计　葛新霞

责任校对　禹　蕊　责任印制　禹　蕊

北京虎彩文化传播有限公司印刷

2015年7月第1版，2024年7月第4次印刷

787mm×1092mm　1/16；11.5印张；277千字；171页

定价38.00元

投稿电话　(010)64027932　投稿信箱　tougao@cnmip.com.cn

营销中心电话　(010)64044283

冶金工业出版社天猫旗舰店　yjgycbs.tmall.com

（本书如有印装质量问题，本社营销中心负责退换）

前 言

本书是依据高职高专材料成型与控制技术（轧钢）专业人才培养目标和培养规格，参照轧钢工职业资格标准和轧钢企业工艺操作岗位对高技能人才所需的知识、能力和素质要求，以培养学生职业能力和职业技能为重点进行编写的。

在编写过程中，根据高职高专办学理念，力求体现职业技术教育特色，注重教材的针对性，以职业（岗位）需求为依据，理论教学内容以“必需、够用”为标准；注意实践性教学内容，注重学生职业技能和动手能力的培养，着重生产实际、生产实例的介绍，力求理论联系实践，并注意吸收国内外有关先进的技术成果和生产经验。

全书共有12个教学项目，通过金属塑性变形知识、轧制原理知识的介绍，使学生掌握各种因素对金属塑性的影响规律、各种加工条件对金属组织和性能的影响规律，掌握轧制过程中金属塑性变形的现象与变形规律、各种变形的内在联系及其和力能参数的关系以及塑性变形时力能参数计算方法，进而培养学生在从事轧钢生产中利用有利的因素与条件以降低生产能耗、提高产品质量和成材率的能力，以及分析问题解决问题的能力。

本书可作为高职高专材料成型与控制技术（轧钢）专业或相关专业的教学用书，也可供轧钢企业职工培训或相关领域的工程技术人员参考。

本书由四川机电职业技术学院任汉恩主编，参与编写的人员有四川机电职业技术学院张天柱、周佰聪、杨莉华等。其中，项目5、项目8由张天柱编写；项目7、项目11由周佰聪编写；项目9及体积不变定律的验证、最小阻力定律的验证、轧制不均匀变形现象分析、咬入角和摩擦系数的测定、宽展的组成分析、前滑值的测定、宽展影响因素分析等实训任务由杨莉华编写；其余部分由任汉恩编写。参加本书编写工作的企业技术人员有攀钢钒热轧板厂李超（参与编写项目3、4、9）、攀钢钒轨梁厂官旭东（参与编写项目6、8、11）、攀钢西昌钢钒公司樊华（参考编写项目5、7、12）、金广集团天成不锈钢有限公司李建新（参与编写项目1、2、10）等。

在编写过程中参考了多种相关图书、资料和教材，在此对其作者一并表示由衷的感谢！另外，由于水平所限，书中若有不妥之处，诚请读者批评指正。

编 者
2015年5月

目 录

项目1　金属压力加工概述

【项目提出】

金属材料是现代工业、农业、国防及科学技术等部门使用最广泛的材料，人们日常生活用品中也离不开金属材料。据统计，目前各种机器设备、车辆、船舶、仪器仪表以及国防武器等所用的材料中，金属材料约占90%以上。而这些金属材料中又有约90%以上都要经过压力加工成坯或成材后才能被各行业所使用。

【知识目标】

（1）掌握金属压力加工的概念和种类。
（2）熟悉锻造、轧制、拉拔、挤压、冲压等压力加工方法。
（3）了解金属压力加工的优点。

【能力目标】

（1）会描述金属压力加工的概念和种类。
（2）能分析压力加工的优点。
（3）能识别典型压力加工方法，能辨认压力加工产品。

任务1.1　金属压力加工方法的认知

1.1.1　金属压力加工

金属压力加工是指金属在外力作用且不破坏其自身完整性的条件下，稳定地发生塑性变形，从而得到所需形状、尺寸、组织和性能的产品的一种加工方式。这种加工方式由于利用了金属的塑性，因而也称为金属塑性加工。

金属塑性加工的种类很多，常按加工工件的温度以及按加工时工件的受力和变形方式分类。

1.1.1.1　按加工工件的温度分类

按照加工工件的温度可将金属压力加工分为热加工（热变形）、冷加工（冷变形）和温加工（温变形）。

热加工是指在金属再结晶温度以上进行的加工，如热轧、热锻、热挤压等。热加工时金属同时产生加工硬化和再结晶软化两个过程，且再结晶过程进行得很完善，可以完全抵消加工硬化，加工产品没有加工硬化痕迹。热加工是压力加工中应用最广的一种加工方法，大多数金属的加工都可通过热加工来完成。

冷加工是指在金属再结晶温度以下进行的加工，如冷轧、冷拔等。冷加工时金属只产生加工硬化而不发生再结晶软化，因此变形后，金属的强度、硬度升高，而塑性、韧性下降。冷加工主要用于生产厚度较小的产品。

温加工介于冷、热变形之间，存在加工硬化，同时还有部分回复和再结晶，它同时具有冷热变形的优点，如温轧、温锻、温挤等。

冷、热加工不能简单按加工温度来区别，而要看其在加工过程中是否发生再结晶。如铅在室温下就能发生再结晶，因此铅不经加热而直接在室温下进行的加工就属于热加工；而钨即便是在1200℃的高温下进行加工也是冷加工，因为钨的再结晶温度为1210℃，在此温度以下进行加工时不发生再结晶，因此是冷加工。

1.1.1.2　按加工时工件的受力和变形方式分类

按加工时工件的受力和变形方式可以将金属压力加工分为锻造、轧制、挤压、拉拔、冲压五种典型压力加工方法。其中锻造、轧制、挤压是靠压力使金属产生塑性变形的，拉拔和冲压是靠拉力使金属产生塑性变形的。

1.1.2　典型压力加工方法

1.1.2.1　锻造

锻造是用锻锤锤击或用压力机的压头压缩工件，使之改变成所需形状和尺寸的产品的一种加工方式，分为自由锻（如镦粗、延伸）和模锻两种，如图1－1所示。它可生产几克到200t以上的各种形状的锻件，如各种轴类、曲柄和连杆等。

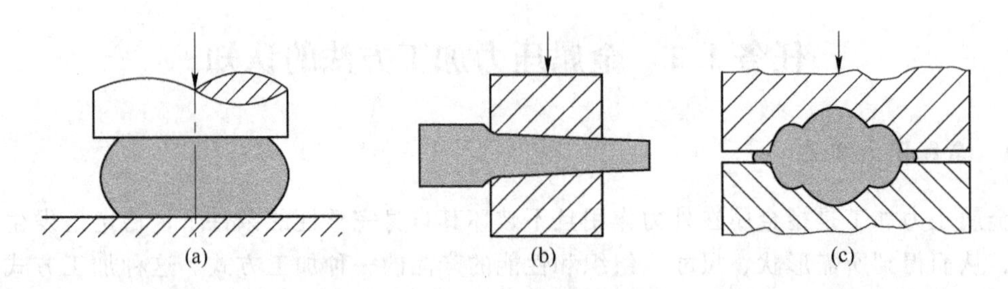

图1－1　锻造示意图
（a）镦粗；（b）延伸；（c）模锻

1.1.2.2　轧制

轧制是金属在两个或两个以上旋转的轧辊之间受到压缩而产生塑性变形，使其横断面缩小，形状改变、长度增加的一种压力加工方式。它可分为纵轧、横轧和斜轧，如图1－2所示。

A　纵轧

纵轧是轧件在轴线平行、转向相反的轧辊间进行塑性变形的轧制方式，如图1－2(a)

所示。纵轧时轧件做直线运动，运动方向与轧辊轴线垂直。它是轧制生产中应用最广泛的一种轧制方法，可用于生产各种型材、线材、板带材等。

B　横轧

横轧时轧件在轴线平行、转向相同的轧辊间进行塑性变形，轧件做旋转运动且与轧辊转向相反，如图 1－2(b) 所示，它可用来生产各种回转体（如变断面轴、齿轮等）。

C　斜轧

斜轧时轧件在两个轴线相互成一定角度且旋转方向相同的轧辊之间产生塑性变形，轧件做螺旋运动，如图 1－2(c) 所示。它广泛应用于生产管材（圆断面无缝管材）和变断面型材（如钢球、丝杆、轴承滚针、麻花钻头等）。

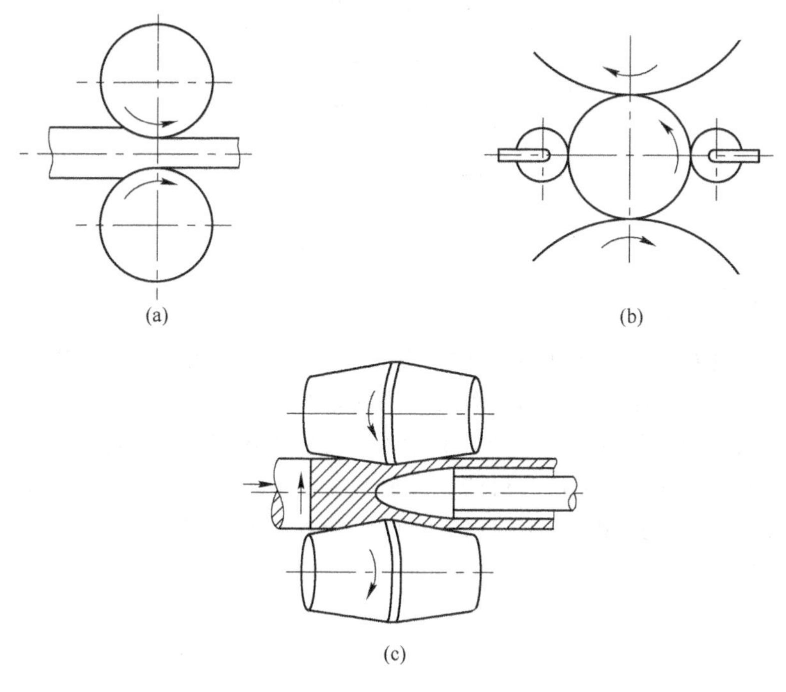

图 1－2　轧制示意图
(a) 纵轧；(b) 横轧；(c) 斜轧

1.1.2.3　挤压

把坯料放进挤压筒内靠水压机的推头，使其从一定形状和尺寸的模孔中挤出而得到不同形状的成品的压力加工方法称为挤压，如图 1－3 所示，它又分正挤压和反挤压。正挤压时推头的运动方向和从模孔中挤出的金属的前进方向相同；反挤压时推头的运动方向和从模孔中挤出的金属的前进方向相反。挤压可生产各种断面的型材、棒材、管材等。

1.1.2.4　拉拔

拉拔是用拉拔机的钳子把金属从一定形状和尺寸的模孔中拉出，使金属工件横断面缩小、长度增加的方法，可生产各种断面的型材、线材和管材，如图 1－4 所示。

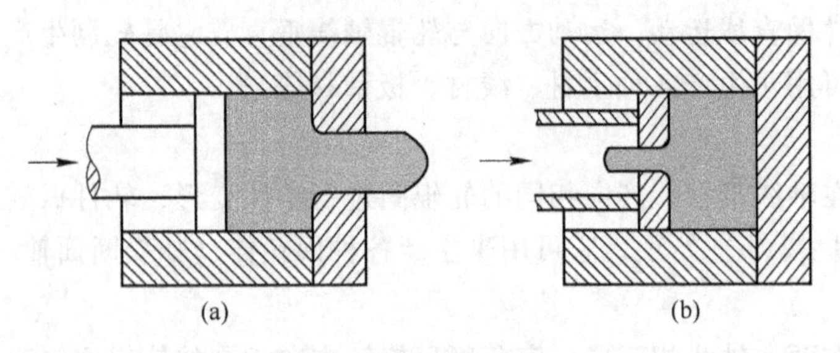

图1－3　挤压示意图

（a）正挤压；（b）反挤压

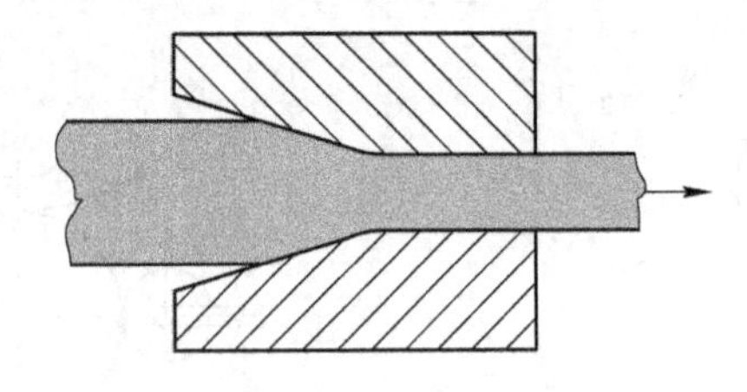

图1－4　拉拔示意图

1.1.2.5　冲压（拉延）

冲压是通过模具对板料施加外力，使之产生塑性变形或分离，从而获得一定尺寸、形状和性能的零件的加工方法。冲压的基本工序可以分为分离（如冲裁、切断、切口等）和变形（如深冲、弯曲、成型等）两大类，其中深冲是使用最多的一种冲压方法。

深冲又称拉延、拉深，是靠压力机的冲头把厚度较小的板料顶入凹模中制成筒形或中空零件的压力加工方法，如图1－5所示。它可生产各种有底薄壁的空心制品，如弹壳、汽车外壳、碗、盆等。

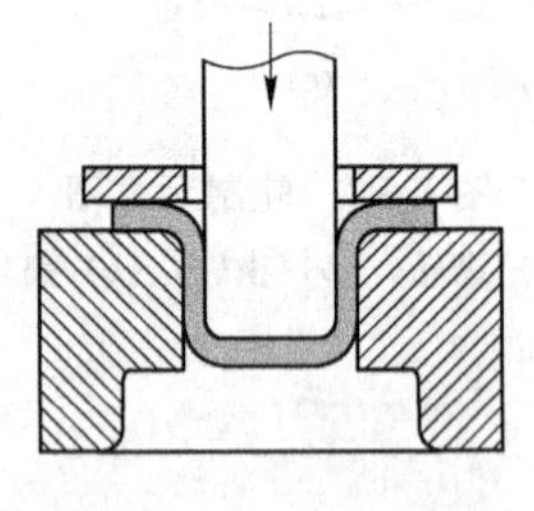

图1－5　深冲示意图

实际生产中为了扩大和提高加工成型效率，常常把上述这些基本加工方法组合起来而形成新的组合加工变形过程。仅就轧制来说，就有锻造和轧制组合的锻轧过程、轧制和挤压组合的轧挤过程、拔拉和轧制组合的拔轧过程。此外，还有铸造和轧制组合的液态铸轧以及粉末冶金和轧制组合的粉末轧制等新的变形过程。

1.1.3　金属压力加工的优点

金属压力加工方法与其他加工方法（如切削、铸造、焊接等）相比，具有下述主要优点：

（1）金属在产生塑性变形后，其组织和性能都得到改善，特别是对铸造组织的改善效果更为显著。

（2）金属压力加工过程中，除烧损、切损外，不产生切屑等废料，因而成材率高。

（3）金属压力加工有很高的生产率，适于大量生产。

由于金属压力加工有这些优点，在钢的总产量中，除少数铸件外，90%以上的钢都要经过压力加工成坯或成材，并且由于各种压力加工方法的出现，生产的品种规格也越来越多。

项目任务单

<table>
<tr><td rowspan="2">项目名称：
金属压力加工概述</td><td>姓名</td><td></td><td>班级</td><td></td></tr>
<tr><td>日期</td><td></td><td>页数</td><td>共________页</td></tr>
<tr><td colspan="5">一、填空
1. 金属压力加工是指金属在外力作用且不破坏其自身________的条件下发生塑性变形，得到所需产品的一种加工方式。
2. 典型的金属压力加工方式有锻造、轧制、拉拔、挤压和________。
3. 轧制是金属在两个或________旋转的轧辊之间产生塑性变形，得到所需产品的一种压力加工方式。
4. 压力加工时，金属在产生塑性变形后，其组织和性能都得到________，特别是对铸造组织，效果更为显著。
5. 金属压力加工过程中，除烧损、切损外，不产生切屑等废料，因而________高。
6. 金属压力加工有很高的________，适于大量生产。
二、单项选择
1. 在钢的总产量中，有（　　）以上的钢都要经过压力加工成坯或成材。
A. 85%　　B. 90%　　C. 95%
2. 下列产品中，可用纵轧生产的是（　　）。
A. 齿轮　　B. 麻花钻头　　C. 螺纹钢
3. 下列产品中，可用横轧生产的是（　　）。
A. 齿轮　　B. 麻花钻头　　C. 螺纹钢
4. 下列产品中，可用斜轧生产的是（　　）。
A. 齿轮　　B. 麻花钻头　　C. 螺纹钢
5. 靠压力使金属产生塑性变形的压力加工方法是（　　）。
A. 拉拔　　B. 轧制　　C. 冲压
6. 下列加工方式中属于金属压力加工范畴的是（　　）。
A. 拉拔　　B. 焊接　　C. 铸造</td></tr>
</table>

检查情况		教师签名		完成时间	

项目2　变形力学图示

【项目提出】

所有的金属压力加工都是在一定的变形力学条件下进行的，而变形力学条件又对金属的塑性、变形抗力、加工时的力能消耗、产品组织和性能都有影响，因此可以说变形力学条件是金属压力加工的必要条件和基础。

【知识目标】

（1）了解压力加工时金属的受力情况。

（2）熟悉应力状态、应力状态图示、变形图示、变形力学图示等概念。

（3）掌握典型压力加工方法的变形力学图示，以提高对各种加工过程问题的分析能力。

【能力目标】

（1）会描述金属的变形力学条件。

（2）能分析典型压力加工方式的变形力学图示。

（3）能选用正确的压力加工方法。

任务2.1　变形金属受力分析

2.1.1　外力

金属的塑性变形是在外力作用下产生的。作用在变形物体上的外力有两种——体积力（质量力）和表面力（接触力）。

体积力是作用于变形物体每个质点上的力，又称为质量力，如重力、惯性力等。

表面力是作用于变形物体表面上的力，又称为接触力。在金属压力加工中，表面力是由变形工具对变形物体的作用而产生的力，包括作用力和约束反力，通常情况下是分布力，也可以是集中力。

在金属压力加工中，体积力相对于表面力的作用是很小的，通常可以忽略。因此，在压力加工中通常讲的外力就是指表面力。

2.1.1.1　作用力

压力加工设备的可动部分对工件所作用的力称为作用力，又称为主动力。如锻压时锤头的机械运动对工件所施加的压力 P（见图 2－1），拉拔时拉丝钳对变形体所作用的拉力 P

（见图 2－2），挤压时活塞的顶头对工件作用的挤压力 P（见图 2－3）等。

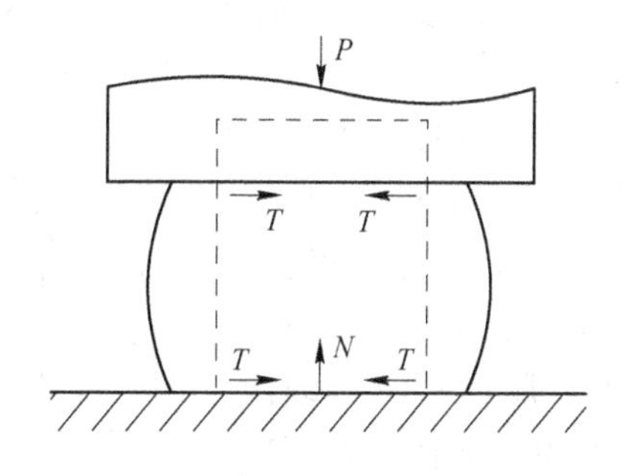

图 2－1 自由锻造时金属受力分析图

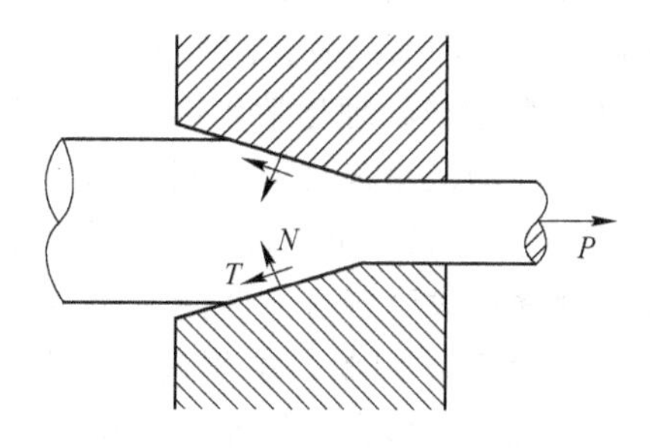

图 2－2 拉拔时金属受力分析图

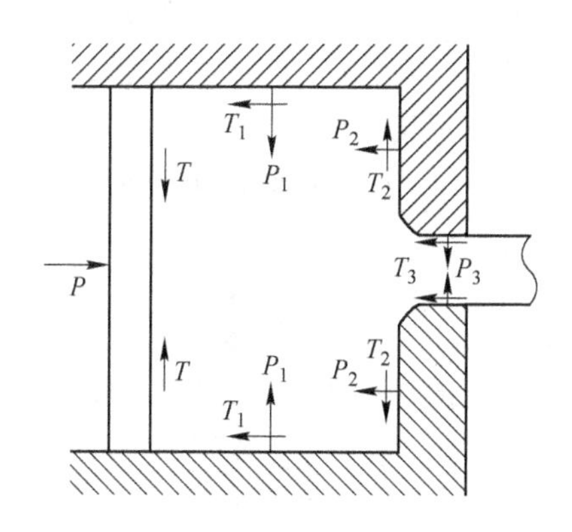

图 2－3 挤压时金属受力分析图

压力加工中作用力的大小由物体变形时所需要的能量来决定，可以用仪器实测，也可以用理论和经验的方法计算出来。

2.1.1.2 约束反力

工件在主动力的作用下，其运动受到工具的阻碍而产生变形；同时，金属变形时，金属质点的流动又会受到工具与工件接触面上的摩擦力的制约。因此，约束反力就是工件在主动力的作用下，其整体运动和质点流动受到工具的约束时所产生的力。变形工件与工具的接触面上的约束反力有正压力和摩擦力两种。

A 正压力

沿工具和工件接触面的法线方向阻碍工件整体移动或金属流动的力，它指向变形物体，并和接触面垂直，如图 2－1 中和图 2－2 中所示的 N。

B 摩擦力

沿工具和工件接触面的切线方向阻碍金属流动的力，其方向和金属质点流动方向或变形趋势相反，如图 2－1、图 2－2、图 2－3 中所示的 T。

2.1.2 内力和应力

当物体在外力作用下，并且物体的运动受到阻碍时，或者由于物理或物理化学等作用而引起物体内原子之间距离发生改变时，在物体内部产生的一种互相平衡的力称为内力。

内力可由以下两种原因引起：

（1）为平衡外部的机械作用，在金属体内产生与外力相平衡的内力。其值与外力大小相等，并随外力作用而产生，随外力去除而消失。

（2）由于物理或物理化学作用而引起内力。不均匀变形、不均匀加热或不均匀冷却及金属的相变等，都可以促使金属内部产生内力，如图2-4所示。金属块由于温度不均匀，左边温度高，右边温度低，引起左边的热膨胀大于右边，然而金属是一个整体，它力求保持各部分的膨胀伸长相等。因此，温度高的一侧将受到温度低的一侧的限制，不能达到应有的膨胀伸长而受到压缩内力的作用；同样，温度较低的一侧受到温度较高的一侧的影响而受到拉伸内力的作用。

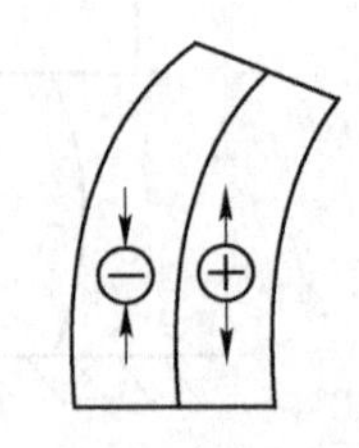
图2-4 温度不均匀引起的内力

内力的大小可以用应力来度量。所谓应力是指单位面积上作用的内力。这里的应力应理解为一极小面积 ΔF 上的总内力 ΔP 与其面积 ΔF 的比值的极限，因为大多数情况下，内力的分布是不均匀的。

应力又可分为正应力和切应力。正应力是指单位面积上所承受的法向内力（$\Delta P'$），用 σ 表示：

$$\sigma = \lim_{\Delta F \to 0} \frac{\Delta P'}{\Delta F} \tag{2-1}$$

切应力是指单位面积上所承受的切向内力（$\Delta P''$），用 τ 表示：

$$\tau = \lim_{\Delta F \to 0} \frac{\Delta P''}{\Delta F} \tag{2-2}$$

当内力均匀作用在被研究截面上时，可用一点的应力大小表示该截面上的应力；如果内力分布不均匀，则只能用内力与该截面面积的比值即平均应力来表示，即：

$$\overline{\sigma} = \frac{P}{F} \tag{2-3}$$

式中 P——总内力；

F——内力作用面积。

任务2.2 认知应力状态和应力状态图示

2.2.1 应力状态

在外力作用下，物体内部原子被迫偏离其平衡位置，此时在物体内部就出现了内力和应力，即处于应力状态。

在金属塑性变形过程中，外力是从不同方向作用于金属的，因而在金属内部产生了复杂的应力状态。要研究金属变形时的应力状态，就必须首先了解物体内任意一点的应力状态，由此来推断出整个变形物体的应力状态。所谓“一点的应力状态”是指在变形金属内某一点处取一微小正六面体，且假定该正六面体各个面上的应力均匀分布时，作用于该正六面体各个面上的所有应力，即代表该点的应力状态。如果变形区内绝大部分金属都属于某种应力状态，则这种应力状态就表示该压力加工过程的应力状态，如图2-5所示。

对于按任意方向选取的微小正六面体，其各个面上既作用着正应力，又作用着切应

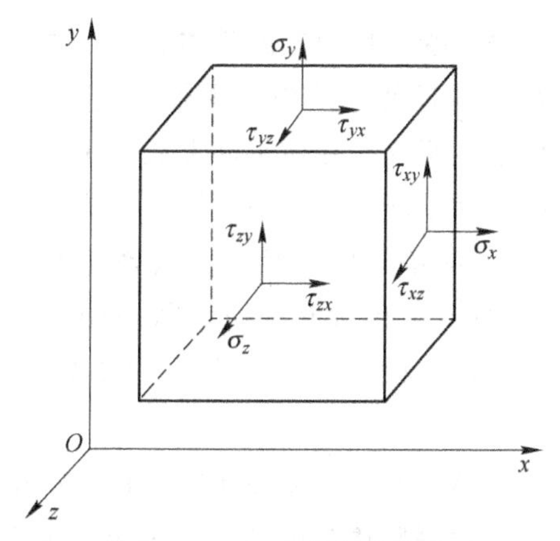

图 2－5 一点的应力状态

力，这种应力状态的表示和确定是比较复杂的。如果按适当的方向选取正六面体，可以使该六面体的各个面上只受到正应力的作用而切应力为零。这种只有正应力作用而没有切应力的截面称为主平面。主平面上的正应力称为主应力，三个主应力分别用符号 σ_1、σ_2、σ_3 表示，并规定拉应力为正，压应力为负，而且 σ_1 是最大主应力，σ_2 是中间主应力，σ_3 是最小主应力，即按代数值进行排列为：$\sigma_1 > \sigma_2 > \sigma_3$。

实际应用时，只需研究主应力的大小和方向就足够了。因为作用于一点的三个互相垂直的主应力知道后，通过该点的任何方向的应力都可以用数学的方法计算出来。

2.2.2 应力状态图示

应力状态图示是用箭头来表示所研究的某一点（或所研究物体的某部分）在三个互相垂直的主轴方向上，有无主应力存在及其方向如何（但不表示主应力大小）的定性图，简称应力，如图 2－6 所示。如果主应力为拉应力，箭头向外指；如果主应力为压应力，箭头向内指。

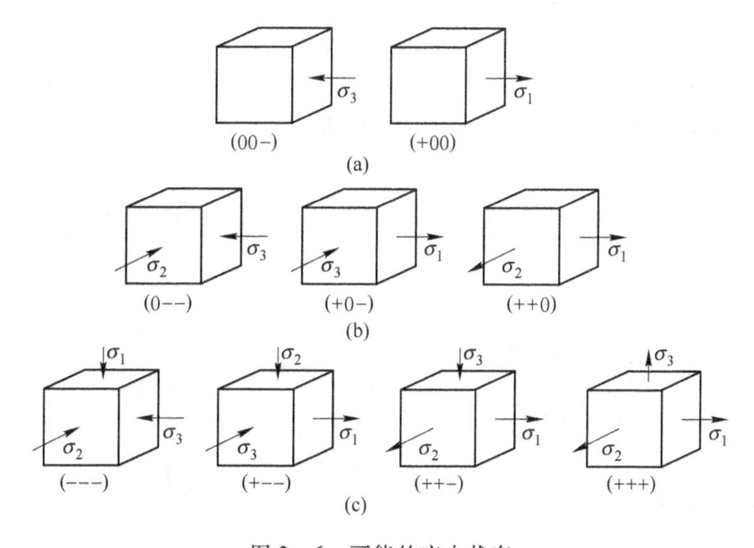

图 2－6 可能的应力状态

（a）线应力状态；（b）面应力状态；（c）体应力状态

为了简化和定性说明变形物体受力后引起的某些后果，常把压力加工过程中的长、宽、高方向近似地认为和主轴方向一致，与长、宽、高垂直的截面看成是主平面，在该平面上只作用有正应力，即主应力。按主应力的存在情况和主应力的方向，应力状态图示共有9种可能的形式，其中单向应力状态图（也称线应力状态图）两种，两向应力状态图（也称平面应力状态图）三种，三向应力状态图（也称体应力状态图）四种，如图2-6所示。

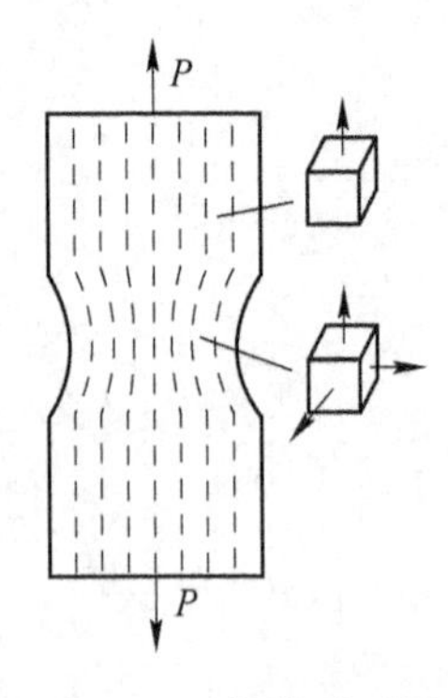

图2-7 拉伸时不同部位的应力状态

应该指出，变形体内的应力状态不是孤立静止的，在一定条件下可以互相转化。例如，将一金属圆棒沿纵轴方向拉伸，应力状态为单向拉应力状态（+00），但随着变形的增加，当出现细颈时，由于应力线在细颈处发生弯曲，使该处的应力状态转化为三向拉应力状态（+++），如图2-7所示。

2.2.3 典型加工方式的应力状态分析

2.2.3.1 镦粗的应力状态分析

由圆柱体镦粗时金属受力分析可知，高度方向上由主动力P、正压力N引起压应力；直径和切线方向由摩擦力引起压应力，并且由于对称关系，直径和切线方向的压应力相等，其绝对值要比高度方向由主动力和正压力引起的压应力小。因此，镦粗的应力状态为三向压应力状态（---），如图2-8所示，其中，σ_1、σ_2是直径和切线方向由摩擦力的作用所引起的压应力，σ_3是高度方向由主动力和正压力作用引起的压应力。

2.2.3.2 挤压的应力状态分析

由挤压时金属受力分析知，轴线方向主要由主动力和正压力引起压应力，直径和切线方向主要由正压力引起压应力，摩擦力对三个方向的压应力也有作用。因此，挤压的应力状态也是三向压应力状态（---），如图2-9所示。

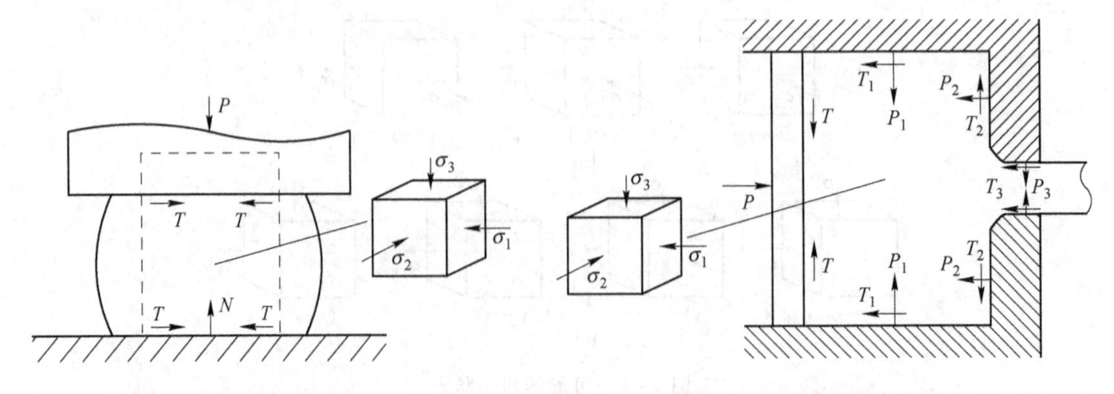

图2-8 镦粗时的应力状态　　图2-9 挤压时的应力状态

2.2.3.3　拉拔的应力状态分析

由拉拔时金属受力分析可知，轴线方向主要由主动力和正压力引起拉应力，摩擦力对轴线方向的拉应力也有一定作用；直径和切线方向主要由正压力引起压应力。因此，拉拔的应力状态为一向拉应力、两向压应力状态（+ − −），如图 2 − 10 所示。其中轴线方向的拉应力为最大主应力 σ_1，直径和切线方向的压应力为 σ_2、σ_3 由于对称关系，两者相等。

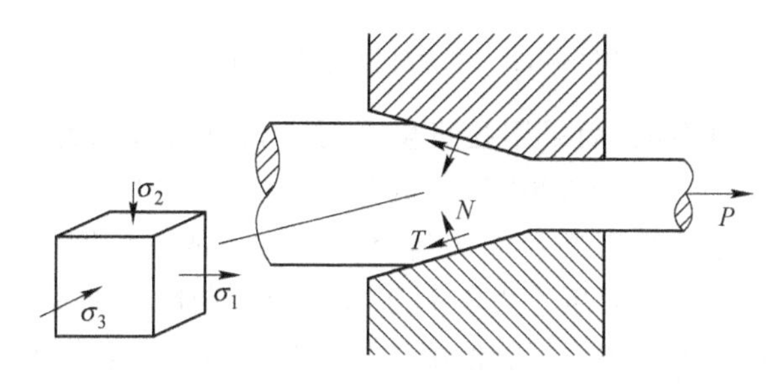

图 2 − 10　拉拔时的应力状态

2.2.3.4　轧制时的应力状态分析

平辊简单轧制时，根据受力分析可知其应力状态也是三向压应力状态（− − −），其中 σ_1 主要由阻碍金属质点纵向流动的摩擦力引起，σ_2 主要由阻碍金属质点横向流动的摩擦力引起，σ_3 主要由轧制压力引起，如图 2 − 11 所示。

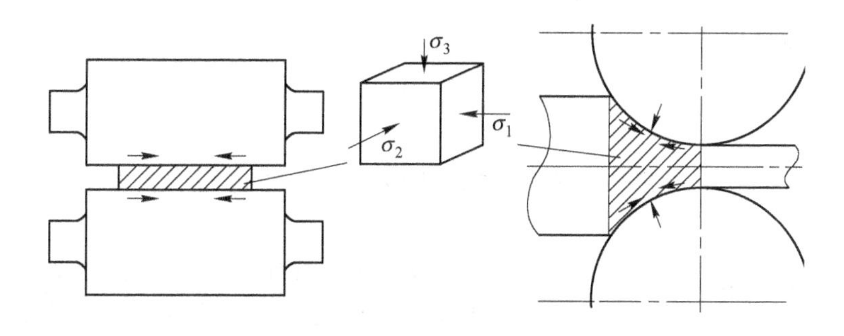

图 2 − 11　轧制时的应力状态

张力轧制时，长度方向由于有较大的张力而克服了摩擦力的影响，使变形区内纵向主应力变为拉应力，因此，其应力状态为一向拉应力、两向压应力状态（+ − −），如图2 − 12 所示。

由上述分析知，镦粗、挤压、简单轧制均属三向压应力状态，但镦粗和轧制中有两个方向的压应力是由摩擦力引起的，而挤压时的三个压应力都是则主动力和正压力引起的，是绝对值相当大的应力，因此可以说挤压是三向压应力状态最强的加工方式。

分析变形金属的应力状态在生产实际中有很大的指导意义，改变外部加工条件，可以得到不同的应力状态，从而得到不同的生产效果。例如将直径为 10mm 的红铜棒挤压或拉拔成 8mm 的圆铜棒，当采用挤压生产时，其应力状态为（− − −），需要的挤压力约

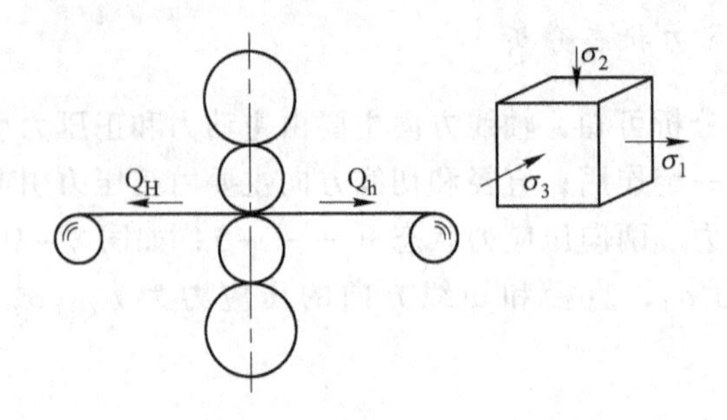

图2－12 张力轧制时的应力状态

35300N，单位压力约450MPa；而采用拉拔生产时，其应力状态为（＋－－），需要的拉拔力只有10500N，单位应力只有220MPa。因为拉应力存在时，在一定程度上可以帮助金属质点流动。但在金属塑性变形中拉应力容易导致金属破坏，因为它使金属内细小的疏松、空隙、裂纹等缺陷扩大；而压应力有利于减小或抑制缺陷的发生与发展。实践证明，在强烈的三向压应力状态下，甚至可能使脆性材料如砂石或大理石也能产生一定程度的塑性变形；相反，在三向拉应力状态下，即使是一般公认的高塑性材料（如铅），也会很快失去塑性而产生断裂。因此，为了减小加工时的作用力，可以选用异号应力状态如（＋－－），而对于某些低塑性金属，为了防止加工时产生破坏，则应尽可能地选用三向压应力状态的加工方法。

任务2.3 认知塑性变形力学图示

2.3.1 变形及变形图示

2.3.1.1 变形

金属在受力状态下产生内力的同时，其形状和尺寸也将发生变化，这种现象称为变形。

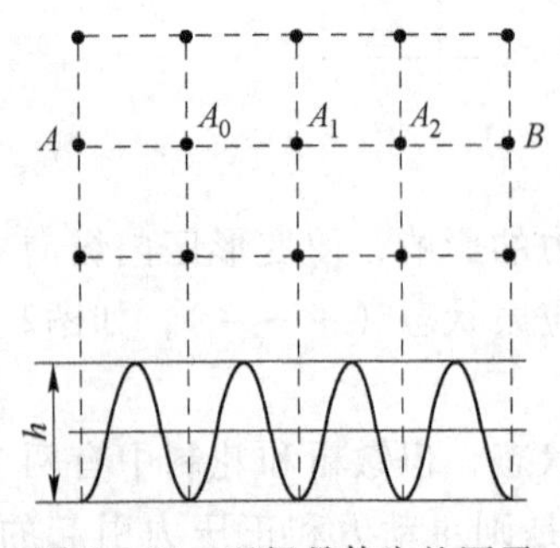

图2－13 理想晶体中的原子排列及其位能曲线

金属是通过原子间的作用力（吸引力或排斥力），把原子紧密地结合在一起的。为使金属产生变形，所施加的外力必须克服其原子间的相互作用力或能。图2－13所示为一理想晶体中的原子点阵及其势能曲线示意图。当原子处于彼此平衡的原子间距时，原子间的吸引力和排斥力相等，原子处于最稳定的位置上，其间的位能最低，即内力为零。显然在AB线上的原子处于A_0、A_1、A_2等位置上的时候最为稳定。如果处于A_0的原子要移到A_1位置上，就必须越过高为h的势垒才有可能。

当所施加的外力或能不足以克服上述势垒时，仅能迫使原子离开其稳定平衡位置而处于不稳定状态，即原子间距有所改变，表现为物体产生一定的变形，一旦外力去除，原子仍要回到原来的平衡位置上去，结果使变形消失。这种随外力作用而产生，随外力去除而消失的变形就是所谓的弹性变形。可见，弹性变形的实质，就是所施加的外力或能不足以使原子越过势垒。

如果原子能够越过上述势垒而使大量原子多次地、定向地从原来的平衡位置转移到另一平衡位置，这时即使外力去除，原子也不能恢复到原始位置上去，这就是塑性变形。所以，塑性变形的实质就是外力或能足以使原子越过势垒，或者说使金属内的一部分原子和另一部分原子产生了相对移动，即从一个平衡位置转移到另一个新的平衡位置的过程。

实际上，原子并非在平衡位置静止不动，而是以平衡位置为中心作热振动，其振幅随温度的升高而加大。可见，随温度升高原子的振动动能增加，会有助于使原子越过势垒而达到新的平衡位置。由这一点来看，温度越高，塑性变形就越容易。

2.3.1.2 变形图示

金属产生塑性变形时，在主应力方向上的变形称为主变形。为了定性地说明变形区中某一部分或整个变形区的变形情况，常常采用主变形图示（简称变形图示）。

所谓变形图示就是用箭头表示所研究的点（或所研究物体的某部分）在各主轴方向上有无主变形存在及主变形的方式（但不表示变形大小）的定性图，如图 2-14 所示。当某个主轴方向上的变形为伸长变形时，箭头向外指；当为缩短变形时，箭头向内指。如果变形区内大部分金属都是某种变形图示，则此种变形图示就代表整个加工变形过程的变形图示。

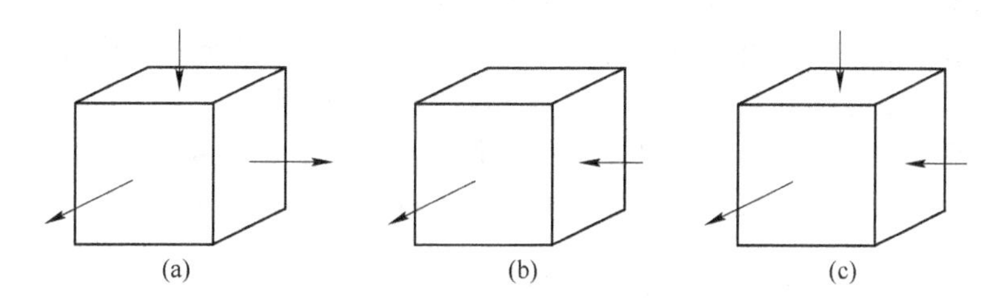

图 2-14 三种可能的变形

（a）一向压缩、两向伸长变形；（b）一向压缩、一向伸长变形；（c）两向压缩、一向伸长变形

由于受体积不变条件的限制，虽然压力加工的方式很多，但只存在三种可能的变形图示（见图 2-14）：

（1）一向压缩变形、两向伸长变形：如图 2-14(a) 所示，变形物体的尺寸沿一个主轴方向产生压缩变形，而沿另外两个主轴方向上产生了伸长变形，如平砧上镦粗或平辊上轧制（有宽展时）的情况，均属这种变形图示。

（2）一向压缩变形、一向伸长变形：如图 2-14(b) 所示，变形物体的尺寸沿一个主轴方向产生压缩变形，沿另外一个主轴方向产生了伸长变形，而第三个主轴方向上无变形，这样的变形通常称为平面变形。如轧制宽而薄的板带时，由于横向阻力很大，宽展很小可以忽略时即属这种变形。

（3）两向压缩变形、一向伸长变形：如图 2-14(c) 所示，变形物体的尺寸沿两个主轴方向产生压缩变形，而沿第三个主轴方向上产生了伸长变形，如挤压和拉拔时，均属这种变形。

2.3.2 变形力学图示

2.3.2.1 变形力学图示及其实际意义

为了全面了解压力加工过程的特点，应该把变形过程中的主应力图和主变形图结合起来进行分析，才能全面了解加工过程的特点。如轧制过程，在变形区内任一点，应力状态图示为（－－－），变形图示为一向压缩、两向伸长变形，这种应力状态图示和变形图示的组合称为变形力学图示。

变形力学图示在压力加工中的重要性，可通过下面例子来说明。例如将短而粗的圆断面坯料加工成细而长的圆断面棒材，它可以由两向压缩、一向伸长变形图示得到，但确定压力加工方法并不是简单的事，因为至少可以由下述四种加工方法来完成该产品的加工：

（1）用简单拉伸方法，其应力状态图示为（＋00）。

（2）在挤压机上进行挤压，其应力状态图示为（－－－）。

（3）在孔型中轧制，其应力状态图示为（－－－）。

（4）在拉拔机上经模孔拉拔，其应力状态图示为（＋－－）。

由此可见，同一种产品可以用不同的压力加工方法得到，而不同的压力加工方法有不同的应力状态，加工的难易程度、生产效率也不一样。因此说，不同的变形力学图示影响着变形金属的塑性和产品的质量，因此必须根据变形力学图示来选择合理的加工方法。

金属塑性变形过程中，其应力状态有9种类型，而变形图示有三种形式，从数学的角度来考虑，变形力学图示的组合可能有3×9＝27种，但实际可能的变形力学图示只有23种，另外四种组合没有物理意义。因为单向压应力状态为（00－）时，其变形图示只可能是一向压缩、两向伸长变形，而不可能存在另外两种变形；而在单拉应力状态为（＋00）下，只可能发生两向压缩变形、一向伸长变形，不可能发生另外两种变形。

2.3.2.2 应力图示与变形图示的箭头不一致性

有的应力图示与变形图示的箭头方向一致，而有的不一致。这种不一致是由于在应力图示中各主应力包含了引起体积弹性变化的主应力成分；而变形图示中的主变形是指塑性变形而不包括弹性变形。引起体积变化（弹性变形）的应力成分称为平均应力，而使几何形状发生变化（塑性变形）的应力成分称为偏差应力。偏差应力是主应力与平均应力之差，它反映了在主应力的方向上所发生的塑性变形的大小和方向。例如，从某变形体内截取的立方体素各个面上分别作用有主应力$\sigma_1=5$、$\sigma_2=-5$、$\sigma_3=-21\text{MPa}$的主应力。则

平均应力： $$\sigma_m=\frac{5+(-5)+(-21)}{3}=-7\text{MPa}$$

偏差应力分别为：
$$\Delta\sigma_1=\sigma_1-\sigma_m=5-(-7)=12\text{MPa}$$
$$\Delta\sigma_2=\sigma_2-\sigma_m=-5-(-7)=2\text{MPa}$$
$$\Delta\sigma_3=\sigma_3-\sigma_m=-21-(-7)=-14\text{MPa}$$

可见，与这三个主应力对应的变形图示为：在主应力σ_1和σ_2方向上其变形是伸长变形（正），而σ_3方向上是缩短变形（负），因此其变形图示为两向伸长、一向压缩变形。

任务 2.4　课堂实训

任务名称：

分析锻造、简单轧制、张力轧制、拉拔的变形力学图示。

工作任务单：

工作任务单

任务名称： 变形力学图示分析	姓名		班级	
	日期		页数	共________页

一、具体任务

分析锻造、简单轧制、张力轧制、拉拔的变形力学图示。

二、任务实施

（一）锻造的变形力学图示分析

（1）分析过程：

（2）结论（画出变形力学图示）：

（二）简单轧制的变形力学图示分析

（1）分析过程：

（2）结论（画出变形力学图示）：

（三）张力轧制的变形力学图示分析

（1）分析过程：

（2）结论（画出变形力学图示）：

（四）拉拔的变形力学图示分析

（1）分析过程：

（2）结论（画出变形力学图示）：

检查情况		教师签名		完成时间	

项目任务单

<table>
<tr><td rowspan="2">项目名称：
变形力学条件</td><td>姓名</td><td></td><td>班级</td><td></td></tr>
<tr><td>日期</td><td></td><td>页数</td><td>共________页</td></tr>
<tr><td colspan="5">
一、填空
1. 主平面上的正应力称为________。
2. 只有正应力而切应力为零的平面称为________。
3. 变形是金属在外力作用下，其________发生变化的现象。
4. 摩擦力是沿工具和工件接触面的________方向阻碍金属流动的力。
5. 应力是指单位面积上作用的________。
二、判断
（　）1. 内力是金属内部产生的与外力相抗衡的力，在某些条件下，不加外力也会产生内力。
（　）2. 在金属压力加工中，体积力对变形体的变形不起作用，故可以忽略不计。
（　）3. 轧制与拉拔的变形图示为两向压缩一向延伸变形，应力图示均为三向压应力状态。
（　）4. 金属塑性变形的约束反力包括正压力、摩擦力和反作用力。
（　）5. 金属压力加工中，通常讲的外力是指压力加工设备的可动部分对物体所作用的力。
三、单项选择
1. 型钢生产时，变形区内金属质点的应力状态为（　　）。
A. （+ − −）　　B. （+ + +）　　C. （− − −）
2. 金属压力加工中，可能的变形图示有（　　）。
A. 23 种　　B. 9 种　　C. 3 种
3. 变形物体的总变形量是指弹性变形与塑性变形（　　）。
A. 之积　　B. 之和　　C. 之差
4. 三向压应力状态最强的加工方式是（　　）。
A. 轧制　　B. 锻造　　C. 挤压
5. 变形力学图示是应力状态图示和变形图示的组合，可能的变形力学图示有（　）。
A. 27 种　　B. 23 种　　C. 12 种
6. 单向拉伸时应力状态为单向拉应力状态，其变形图示为（　　）变形。
A. 一向伸长一向压缩　　B. 两向伸长一向压缩　　C. 两向压缩一向伸长
7. 可能的应力状态图示有（　　）。
A. 3 种　　B. 9 种　　C. 23 种
8. 在变形物体主轴方向作用的应力称为（　　）。
A. 正应力　　B. 主应力　　C. 切应力
四、计算后回答
有一立方体素上分别作用有 −120MPa、−100MPa、−50MPa 的主应力，试判断其变形图示。
</td></tr>
<tr><td>检查情况</td><td></td><td>教师签名</td><td></td><td>完成时间　</td></tr>
</table>

项目3　金属压力加工中的外摩擦

【项目提出】

在金属发生塑性变形时，变形金属与工具相接触的表面上存在着一种阻碍金属质点自由流动的作用，这种作用就是外摩擦，其大小称为摩擦力。压力加工中，变形金属就是在主动力、正压力和这种外摩擦力的共同作用下发生塑性变形的。所以说金属的塑性变形与外摩擦有着密不可分的联系，了解和掌握外摩擦的相关问题具有重要的实际意义。

【知识目标】

(1) 了解外摩擦在金属压力加工中的的作用、特征和种类。

(2) 掌握摩擦定律和干摩擦机构。

(3) 熟悉影响外摩擦的因素及摩擦系数的确定方法。

(4) 了解轧制工艺润滑的作用和方法。

【能力目标】

(1) 能识别外摩擦的类别。

(2) 能分析各种因素对外摩擦的影响。

(3) 能正确计算冷、热轧的摩擦系数。

(4) 能采取一定的措施减小轧制过程中的摩擦力。

任务3.1　了解外摩擦的作用和特征

3.1.1　外摩擦在金属压力加工中的作用

在金属压力加工中，变形金属与变形工具的接触表面上，外摩擦的存在是不可避免的。这种外摩擦对金属的变形过程有很大的影响。在轧制时，如果没有外摩擦的作用，轧件是不可能被轧辊咬入的，而且在轧制过程中也需要一定的摩擦力来维持稳定轧制阶段的正常进行。因此，在轧制过程中，外摩擦是不可缺少的。当然，变形过程中的外摩擦也存在改变了应力及变形的分布、增加了变形时的能量消耗等以下几个方面的不良作用。

3.1.1.1　改变了应力及变形的分布

压力加工时，由于外摩擦的存在而改变了金属在变形时的应力状态，并导致变形不均匀。

图3-1(a) 所示为镦粗时假设在接触面上无摩擦的理想状态的情形。在这种情况下，

变形金属的应力状态是单向压应力状态，其变形应是均匀的，变形后柱体的侧表面也应是平直的。而实际上，由于接触表面存在外摩擦，接触表面及附近的金属质点的流动均受到摩擦阻力的限制和阻碍，其结果使变形后工件侧表面变成鼓形，如图3－1(b) 所示。这种情况下的应力状态是三向压应力状态，接触表面上单位应力的分布也不均匀，这必将引起变形的不均匀分布。

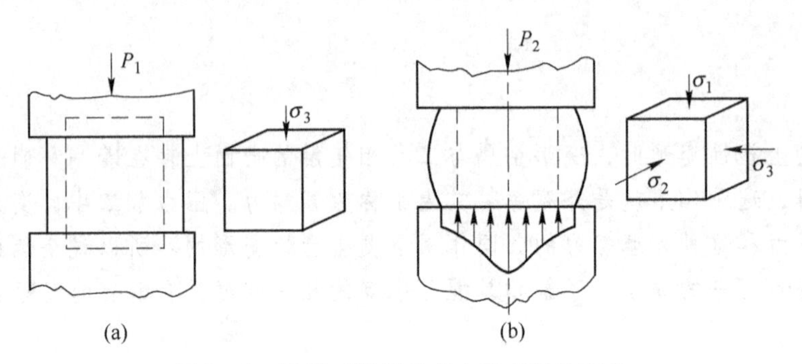

图3－1　镦粗时摩擦对应力及变形的影响

(a) 接触面上无摩擦的理想镦粗状态；(b) 接触面上有摩擦时的镦粗情况

3.1.1.2　增加了变形时的能量消耗

由图3－1所示的情况可以看出，当压缩量相同时，接触面上有外摩擦时所需的压力 P_2 比接触面上无摩擦时的压力 P_1 要大，因为 P_2 除了使金属产生塑性变形外，还有一部分要用来克服外摩擦阻力的作用。而且，如果摩擦力越大，使金属变形所需的外力以及所消耗的能量也越大。

3.1.1.3　降低了工具的使用寿命

由于外摩擦的作用使工具的磨损增大，必然要降低工具的使用寿命。

3.1.1.4　降低了产品的质量

外摩擦将会引起应力和变形不均匀分布，当接触表面的外摩擦增加时，在接触面上阻止金属质点流动的作用就越强，侧面鼓形就越严重，使产品的表面质量降低，而且也使产品的内部组织和力学性能不均匀。

3.1.2　金属压力加工中外摩擦的特征

金属压力加工中金属与工具之间的接触摩擦与一般机械摩擦有很大差别，它与机械摩擦相比，存在以下几方面的特征：

(1) 接触表面温度高（高温下的摩擦）。在热加工中，工件的变形温度可达1200℃以上，低的也有几百度。在冷加工中由于接触表面单位压力很高而相对滑动速度很大，造成接触表面温度急剧升高。有实验证明，冷变形过程中，由于变形热和摩擦热而使辊身中部温度升高90～130℃。由于温度变化剧烈，摩擦状态也变得复杂起来。

(2) 摩擦面上的单位压力很大（高压下的摩擦）。在变形区中部，热变形时单位压力通常为98～490MPa，而冷加工时可达490～2450MPa，有时甚至更高。而重负荷的轴承上，其单位压力不超过 20～40MPa。由于压力很大，使工具产生很大弹性变形，润滑剂也将被挤走或变成很薄的膜，必将影响到润滑状态，使摩擦系数发生变化。

（3）接触表面不断更新和扩大。在变形过程中，工件的形状和尺寸不断变化，内层金属不断涌出而成为新的接触面，新的表面不断形成，旧的表面不断被破坏，使摩擦系数不断发生变化。而且工具在使用过程中不断磨损而使工具的表面在使用过程中不断变化，这同样要引起摩擦状况的改变。

（4）摩擦对之间的性质差异很大。在压力加工中的工具，由于强度和刚度很大，它只发生弹性变形，而被加工的金属主要是发生塑性变形。这必将导致变形金属和变形工具在接触表面产生很大的滑动，如冷轧带钢时相对滑动速度可达 8m/s 左右。

（5）变形金属表面组织是变化的。热变形时，金属被加热到很高的温度，其表面被氧化而生成疏松且硬而脆的氧化层，塑性变形时该氧化层逐渐脱落；氧化层脱落后的金属表面暴露在空气中，将再次被氧化而生成结构致密的氧化层。氧化层的这种变化，引起变形金属的表面组织的变化而使摩擦系数发生改变。

3.1.3　外摩擦的分类

在金属压力加工中，按照接触表面的特征，可把外摩擦分为以下几类：

（1）干摩擦。指变形金属和工具之间，没有任何介质而直接接触时的外摩擦。实际上由于变形金属的表面总要产生氧化膜或者吸附一些气体和灰尘，因此，真正的干摩擦是不存在的，通常说的干摩擦是指不加润滑剂的状态。

（2）液（流）体摩擦。变形金属和工具表面之间完全被润滑剂隔开时，此时工具与金属之间的摩擦完全是润滑剂内部的摩擦。

（3）吸附润滑摩擦。在接触表面有一个吸附层薄膜，这种薄膜不因压力增大而减薄，不具有一般液体的流动性质（如冷拔钢管时的磷化层）。这种情况下的摩擦称为吸附润滑摩擦。

（4）边界摩擦。在液体摩擦条件下，随着接触面上压力的增大，坯料表面的部分“凸牙”被压平，润滑剂形成一层薄膜残留在接触面间，或被挤入附近“凹谷”，这时在挤去润滑剂的部分出现金属间的接触，即发生黏着现象。这种情况下的摩擦就称为边界摩擦。

在生产实际中，以上几种摩擦并不是截然分开的，常常是各种摩擦相混的混合摩擦状态。如干摩擦和边界摩擦相混的半干摩擦；边界摩擦和局部液体摩擦相混的半液体摩擦。

任务 3.2　了解摩擦定律

3.2.1　摩擦定律

在干摩擦的情况下，摩擦力的大小与接触面的正压力、摩擦对的性质和状态有关，在干摩擦的基础上，当摩擦对接触表面上其他条件（如表面状态、温度、金属的固有性质等）相同时，摩擦力与接触表面上的正压力成正比，这就是通常所说的库仑摩擦定律。其数学表达式为：

$$T = fN \tag{3-1}$$

式中　f——摩擦系数；

N——接触表面上的正压力。

3.2.2 干摩擦机构

库仑定律只表明了干摩擦状态下摩擦力计算的一般规律，而没有阐明摩擦产生的一般规律。要解释摩擦产生的原因，过去曾提出过两种学说，一个是表面凹凸学说，另一个是分子吸附学说。由于实验条件的限制，两种学说都不能完满解释各种摩擦现象。近代摩擦理论认为摩擦力不单是由于表面凹凸不平，而且还由于分子吸引作用而产生的黏合力造成的。

表面凹凸学说认为：摩擦是由于接触表面的凹凸形状引起的。当物体表面接触后，两个表面的凹凸部分就互相咬合，要想使接触表面产生相对滑动，就必须给以一定的能量，才能使凸起彼此越过相对接触上的高峰，这就是所需克服的摩擦力。根据这一学说，接触表面越粗糙，摩擦系数越大；反之，接触表面越光滑，摩擦系数越小。

分子吸附学说认为：摩擦是由于接触面间的分子交错吸引的结果。摩擦表面愈光滑，摩擦表面就愈接近，表面分子的吸引力就愈大，则摩擦力也愈大。

任务3.3 熟悉影响外摩擦的因素

在金属压力加工中，影响摩擦系数的因素很多，其中主要有工具表面状态、变形金属的表面状态、变形金属和工具的化学成分、接触面上的单位压力、变形温度、变形速度等。而这些因素又是互相联系、互相影响的。

3.3.1 工具表面状态对外摩擦的影响

工具表面状态不同，摩擦系数可能发生很大变化。工具表面光洁度越高，表面的凹凸不平就越小，摩擦系数就越小。在初轧时为增强咬入能力，常将轧辊表面刻痕或堆焊以增大摩擦系数；而在冷轧时，为提高产品质量和降低能耗，就需要轧辊表面粗糙度小，以尽可能降低摩擦系数。

轧辊车削或磨削时，都是在轧辊旋转时进行加工，轧辊表面总有环向刀痕，这必将造成轧辊轴线方向的摩擦系数比径向的摩擦系数大。此外，由于轧辊磨损使轧辊表面粗糙度增大，摩擦系数增大。

3.3.2 变形金属的表面状态对外摩擦的影响

变形金属的表面状态对摩擦系数有显著的影响，特别是变形的最初几道对摩擦系数的影响更为显著。因为刚开始变形时，金属表面凹凸不平较严重，这种粗糙的接触表面会使摩擦系数增大。随着轧制变形的进行，金属表面的凹凸不平将被压平，金属表面将呈现工具表面的压痕，因此，此时接触表面的摩擦系数将与工具的表面状态有密切关系。

影响金属表面状态的因素有：金属的化学成分、氧化铁皮的性质、变形金属的温度等。一般认为，钢在加热过程中产生的粗而厚的氧化铁皮，使摩擦系数增大；炉生氧化铁皮在高温下熔融，使摩擦系数降低；炉生氧化铁皮脱落后，高温金属在空气中生成的细而薄的二次氧化铁皮，使摩擦系数降低。

3.3.3 变形金属和工具的化学成分对外摩擦的影响

随钢的碳含量增加，钢中渗碳体数量增多，金属的强度、硬度增加，摩擦系数降低，如图 3－2 所示。

同样，随钢中合金元素的增加，摩擦系数也会降低。一般认为合金元素影响了氧化铁皮的数量、改变了氧化铁皮的性质，从而使摩擦系数降低。

另外，工具的化学成分对摩擦系数也有一定的影响。例如，钢轧辊的含碳量比铸铁轧辊低，其摩擦系数比铸铁轧辊的摩擦系数要大。

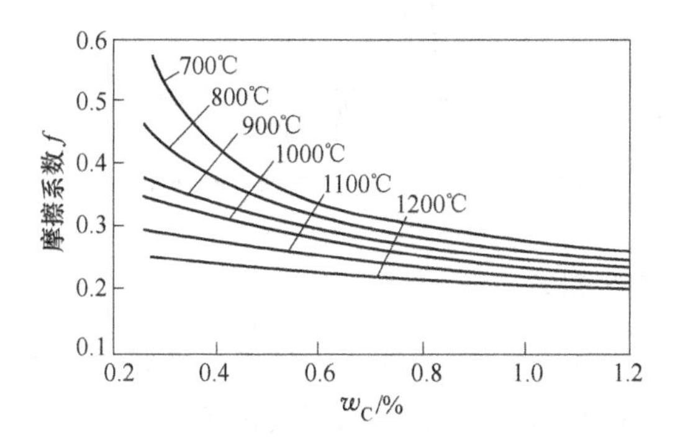

图 3－2 摩擦系数与钢中碳含量的关系

3.3.4 变形温度对外摩擦的影响

从大量的实验资料和生产实践观察，可以得到图 3－3 所示的关系曲线。从图 3－3 中可以看出：在温度较低时，随变形温度的增加，氧化铁皮的数量增多，摩擦系数增大；当变形温度升高到一定程度（700℃以上）后，随变形温度的增加，氧化铁皮熔融，起润滑作用，摩擦系数降低。实践表明，在钢的热轧温度范围内，随变形温度升高，摩擦系数急剧降低。

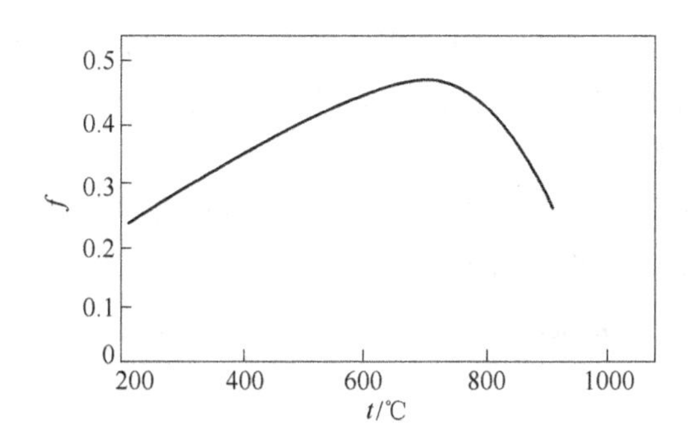

图 3－3 温度对钢的摩擦系数的影响

3.3.5 接触面上的单位压力对外摩擦的影响

单位压力对摩擦系数的影响和表面摩擦状态有关。一般在单位压力较小时，随接触表面单位压力的增加，凸牙与凹坑相互咬合的深度增大、数量增多，摩擦系数增大；当单位压力增大到一定程度后，凸牙与凹坑相互插入的深度和数量达到极限，所以单位压力增加，摩擦系数不再增加，如图 3－4 所示。

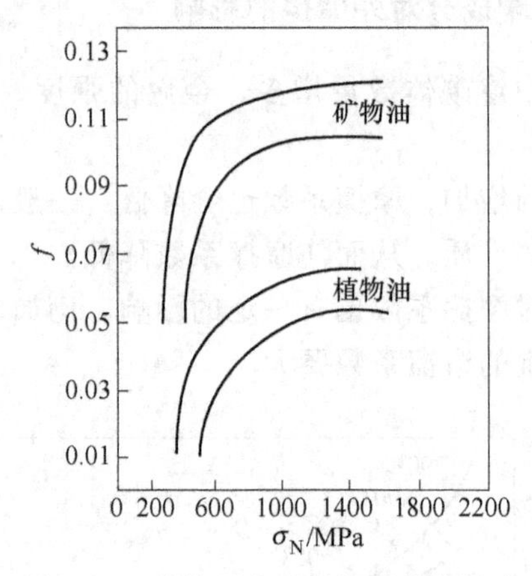

图 3－4　单位压力对摩擦系数的影响

3.3.6　变形速度对外摩擦的影响

许多实验结果表明，随变形速度的增加，摩擦系数降低。这种现象可以解释为：在干摩擦时，变形速度增加，表面凹凸不平部分来不及相互咬合，表现出摩擦系数降低；在有润滑的条件下，变形速度增加，会使润滑层的厚度增大，也导致摩擦系数下降。

任务 3.4　摩擦系数的确定

3.4.1　热轧时摩擦系数的确定

艾克隆德根据影响摩擦系数的因素，提出了一个计算热轧摩擦系数的经验公式，即：

$$f = K_1 K_2 K_3 (1.05 - 0.0005t) \tag{3-2}$$

式中　K_1——轧辊材质的影响系数，对于钢轧辊 $K_1 = 1$，对铸铁轧辊 $K_1 = 0.8$；

K_2——轧制速度 v 影响系数；一般在 $v \leqslant 2\text{m/s}$ 时，$K_2 = 1$；$v > 2\text{m/s}$ 时，可根据实验曲线图 3－5 确定；

K_3——轧件材质的影响系数，可根据表 3－1 所列实验数据选取；

t——轧制温度，$t = 700 \sim 1200$℃。

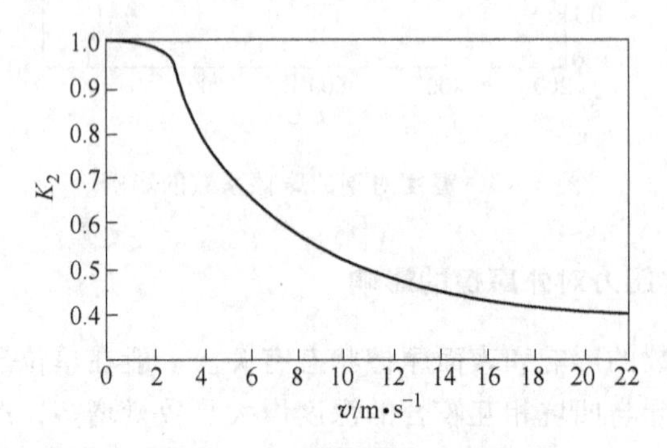

图 3－5　轧制速度影响系数 K_2

表 3－1　轧件材质影响系数 K_3

钢　种	钢　号	K_3	钢　种	钢　号	K_3
碳素钢	20～70、T7～T12	1.0	含铁素体或莱氏体的奥氏体钢	1Cr18Ni9Ti、Cr23Ni13	1.47
莱氏体钢	W18Cr4V、W9Cr4V2、Cr12、Cr12MoV	1.1			
珠光体－马氏体钢	4Cr9Si2、5CrMnMo、3Cr13、3Cr2W8	1.3	铁素体钢	Cr25、Cr25Ti、Cr17、Cr28	1.55
奥氏体钢	0Cr18Ni9、4Cr14NiW2Mo	1.4	含硫化物的奥氏体钢	Mn12	1.8

3.4.2　冷轧时摩擦系数的确定

冷轧时的摩擦系数计算方法很多，通常采用下式计算的结果较符合实际：

$$f = K\left[0.07 - \frac{0.1v^2}{2(1+v)+3v^2}\right] \tag{3-3}$$

式中　K——考虑润滑剂的种类与质量的影响系数，其值见表 3－2 所列；

　　　v——轧制速度，m/s。

表 3－2　润滑剂种类对摩擦系数的影响

润滑条件	K	润滑条件	K
干摩擦轧制	1.55	用煤油乳化液润滑（含油 10%）	1.0
用机油润滑	1.35	用棉籽油、棕榈油或蓖麻油润滑	0.9
用纱锭油润滑	1.25		

3.4.3　技能训练实际案例

用工作直径为 650mm 的钢轧辊开坯 400mm × 400mm 低碳钢锭，轧制温度为 1150℃，轧辊转速为 50r/min，求摩擦系数。

解：

由于轧辊为钢轧辊，所以 $K_1 = 1$；

由于轧件为低碳钢，所以 $K_3 = 1$；

轧轧速度 $v = \frac{\pi Dn}{60} = \frac{3.14 \times 650 \times 45}{60} \approx 1.35\text{m/s} < 2\text{mm/s}$；所以 $K_2 = 1$。

由艾克隆德摩擦系数公式 $f = K_1K_2K_3(1.05 - 0.0005t)$ 得：

$$f = 1 \times 1 \times 1 \times (1.05 - 0.0005 \times 1150) = 0.475$$

任务 3.5　了解轧制工艺润滑

3.5.1　轧制工艺润滑及其意义

在轧制过程中，为了减小轧辊与轧材之间的摩擦力，降低轧制力和功率消耗，使轧材易于延伸，控制轧制温度，提高轧制产品质量，必须在轧辊和轧件接触面间加入润滑剂，这一过程就称为轧制工艺润滑。

轧制时采用工艺润滑对降低摩擦系数很有成效。采用工艺润滑既可降低工具的磨损，又能降低变形时的能量消耗，还可起到冷却工具的作用。如热轧时采用工艺润滑可降低轧制压力10%～20%，主电机的电能消耗也相应降低；轧辊消耗减少40%～50%，轧辊寿命成倍提高，换辊时间、轧辊储备都大为降低。因而，既降低了成本，又增加了生产，还可以改善产品质量。

3.5.2　冷轧工艺润滑

3.5.2.1　冷轧工艺润滑的作用

冷轧采用工艺润滑的主要作用是：

(1) 减小金属的变形抗力。冷轧是在金属再结晶温度以下进行的轧制，冷轧实际生产中，原料一般不经加热而直接在室温下进行轧制加工，所以金属具有很大的变形抗力，轧制压力可达到数千吨，轧机强度和电机能力受到严峻的考验。同时轧机弹跳值大，不利于轧制薄规格的产品。

采用工艺润滑后，金属与轧辊间的摩擦系数显著降低，金属塑性变形变得容易，对变形的抵抗能力降低，这样在已有的轧机能力条件下可实现更大的压下量，提高生产效率，还可使轧机生产出更薄的产品。

(2) 工艺润滑对降低轧辊的温升有良好作用。冷轧时由于变形热和摩擦热的作用，将使带钢与轧辊的温度升高。辊面温度过高会引起工作辊淬火层硬度的下降，影响带钢的表面质量和轧辊寿命；辊温的升高和辊温分布不均匀会破坏正常的辊型，直接影响带钢的板形和尺寸精度；辊温过高还会导致工艺润滑油膜破裂，使冷轧不能顺利进行。

为了保证冷轧的顺利进行，生产中常用水对轧辊和带钢进行冷却同时调节辊温，工艺润滑液对轧辊和带钢的冷却以及辊温的调节也有一定的作用。

(3) 采用工艺润滑还可起到防止金属粘辊的作用。

3.5.2.2　对冷轧工艺润滑剂的要求

冷轧工艺润滑剂的基本要求是：

(1) 良好的吸附性能和润滑性能，即在极大的轧制压力下，仍能形成边界油膜，以降低摩擦阻力和金属变形抗力；减少轧辊的磨损，延长轧辊使用寿命；增加压下量，减少轧制道次，节约能量消耗。但是也要考虑到轧辊与钢材之间必须要有一定摩擦力才能使轧辊咬入轧件，摩擦系数过低将会打滑，所以润滑性能必须适当。

(2) 良好的冷却能力，即能最大限度地吸收轧制过程中产生的热量，达到恒温轧制，以保持轧辊具有稳定的辊型，使带钢厚度保持均匀。

(3) 对轧辊和带钢表面有良好的冲洗清洁作用，可以去除外界混入的杂质、污物，提高钢材的表面质量。

(4) 良好的理化稳定性，在轧制过程中不与金属起化学反应，不影响金属的物理性能。

(5) 退火性能好。现代冷轧带钢生产，为了简化工艺，提高劳动生产率，降低成本，在需要进行中间退火时，采用了不经脱脂清洗而直接退火的生产工艺。这就要求润滑剂不因其残留在钢材表面而在钢材表面产生油斑黑点。

(6) 过滤性能好。为了提高钢材表面质量，某些轧机采用高精度的过滤装置（如硅藻土）来最大限度地去除油中的杂质。此时，要避免油中的添加剂被吸附掉或被过滤掉，以保持油品质量。

(7) 抗氧化性好，使用寿命长。

(8) 防锈性好。原料在工序间的短期存放过程中，润滑油要能起到良好的防锈作用。

(9) 不损害人体健康。

(10) 油源广泛，易于获得，成本低。

3.5.2.3 冷轧工艺润滑剂的种类

冷轧工艺润滑剂有乳化液、各种黏度的矿物油（机油等）和动、植物油（牛油、菜油、棕榈油）等。菜籽油或豆油能满足冷轧工艺润滑的要求；棕榈油的润滑效果好，但来源短缺，成本昂贵；乳化液是实际生产中用得最广的一种冷轧工艺冷润液；矿物油中加入其他添加剂，也可提高矿物油的润滑性能，且来源丰富，成本低廉。

冷轧工艺润滑剂常采用下列几种：

(1) 矿物油。轧制中采用的矿物油有：变压器油、12 号和 20 号机油（2 号和 3 号锭子油）、11 号汽缸油、24 号汽缸油（黏油）、28 号轧钢机油（亮滑油）等。

在轧制中以纯油方式应用，或者加少量防腐添加剂、洗涤剂、抗氧化剂等。

(2) 植物油。作为工艺润滑油的植物油中用途最广的是棕榈油、蓖麻油、棉籽油、葵花子油等。

(3) 乳化液。生产中通过乳化剂的作用把少量的油和大量的水混合起来，制成乳状的冷润液，称为乳化液。此时油是润滑剂，水是冷却剂又是载油剂。

乳化液广泛应用于各种轧制过程，它的冷却能力比油大得多，在循环系统中可长期使用，耗油量较低，而且有良好的抗磨性能。

乳化液所用的基础油有矿物油、植物油和动物脂肪等。常见的以矿物油和植物油（或合成产品）混合物为基础的乳化液有：以 20 号或 12 号机油加合成脂肪酸和三乙醇胺聚合物形成的乳化液；聚合物棉籽油和 20 号机油（配比 1:1）混合物的乳化液。

在轧钢生产中采用的水 - 油乳化液浓度通常在 1% ~10% 范围内。

3.5.3 热轧工艺润滑

3.5.3.1 热轧工艺润滑的作用

在热轧生产中应用工艺润滑技术可起到以下作用：

(1) 减小热轧过程轧辊与轧件之间的摩擦系数。不采用热轧工艺润滑时的摩擦系数一般为 0.35 左右，而采用工艺润滑时的摩擦系数可减小到 0.12。

(2) 降低轧制力，提高轧机能力。摩擦系数的减小直接导致轧制力的降低，一般可降低轧制力10%~25%，这样不仅可以降低轧制功率，节约能耗，而且更重要的是可以在原有轧机的基础上进行大压下轧制，有利于轧制薄规格的热轧产品，同时也可以有效地消除轧制过程中轧机的振动。

(3) 减少轧辊消耗，提高作业率。在热轧条件下，工作辊因与冷却水长期接触发生氧化在其表面生成黑皮，这是造成轧辊异常磨损的主要原因。润滑剂能够阻止轧辊表面黑皮的产生，进而延长轧辊使用寿命，同时减少换辊次数，提高了轧制生产作业率。

(4) 减少轧制过程中二次氧化铁皮生成，改善轧后表面质量。轧辊磨损的降低、氧化铁皮的减少直接改善了轧后板面质量。另外，工艺润滑对变形区摩擦的调控作用可以促进轧后板形的提高。轧后表面质量的改善还可以提高热轧板带的酸洗速度，降低酸液消耗，减少酸洗金属的损失。

(5) 节能、降耗和减排。采用工艺润滑后，热轧吨钢平均节电3kW·h；金属消耗降低1.0kg；轧辊的消耗降低30%~50%；酸洗酸液消耗减少0.3~1.0kg。

3.5.3.2 对热轧工艺润滑剂的要求

为适应热轧工艺特点，热轧润滑剂应具有以下要求：

(1) 具有高极性分子的构成，在轧辊表面有极好的湿润性，可迅速形成均匀的薄层润滑膜，降低摩擦，减少磨损。

(2) 润滑膜黏着力强，具有瞬时抗高压能力，可在辊缝中提供稳定而极好的润滑，可防止或减少在工作辊和支撑辊上形成氧化物。

(3) 在辊缝中润滑膜可阻止轧辊和轧件的直接接触，避免在高温下轧辊和轧件间形成黏着。

(4) 带钢离开轧机后，其上的残余润滑油要在尽可能短的时间内燃烧尽，防止残油遗留在带钢表面上，形成新的污染物。

(5) 润滑油有较高稳定性，高温下不分解。

3.5.3.3 热轧工艺润滑剂的组成

热轧工艺润滑剂由基础油与功能添加剂构成。为适应热轧工况，基础油要具备以下性能：黏度高、附着性和热润滑性好、与各种添加剂的溶解性能良好。目前，多数热轧润滑剂选用高黏度矿物油、动植物油脂（牛油、菜籽油、豆油、聚合棉籽油等）以及合成酯作基础油。常用的添加剂主要为油性剂、增黏剂和极压剂。

常用的油性剂有：油脂、脂肪酸及合成酯。为了提高油品的轧辊附着性，还常加入增黏剂，如聚异丁烯、聚甲基丙烯酸酚等。极压添加剂在高温条件下与金属摩擦表面起反应生成一层化学反应膜，从而将两摩擦表面分隔开，起到降低摩擦系数、减缓磨损（或改变金属表面直接接触的严重磨损），达到润滑的作用。常用的极压剂为含S、P、Cl的有机化合物，其中硫化物的极压性能最好，含磷剂的润滑减摩效果最好。

对于不同的轧辊及轧件，应选用不同添加剂体系的热轧润滑剂。例如，镍铬耐磨铸铁轧辊以脂肪酸酯类油性剂为主的热轧油为最好；对于高速钢轧辊，选用含硼化物和高碱性有机金属盐的热轧油，可以有效抑制黑皮的产生。

3.5.3.4 热轧工艺润滑剂的分类

通常状况下，热轧润滑剂是按其使用状态进行分类的。依此热轧润滑剂分为固体润滑剂、纯油、水－油工艺润滑剂。

固体润滑剂通常是有机玻璃、石墨和固体蜡为基础的润滑剂，由于使用时较为烦琐，同时阻碍了冷却水对轧辊的冷却效果，所以很少应用。纯油润滑剂的润滑性能最好，但油耗大，不是很经济。

实际生产中使用最广的是水－油工艺润滑剂。根据水与油的混合程度以及稳定性，这类润滑剂又分为乳化液和油－水混合液。

乳化液是由矿物油、水、乳化剂、添加剂组成，通常配成浓缩液的形式，使用时用水稀释成1%～5%的水包油型稀乳化液。它具有良好的润滑性能和冷却效果，但容易被微生物污染而变质、腐败，所以应用不是很广泛。

油－水混合液是将纯油和水在专门的混合器中机械混合而配制成的混合液。这种润滑剂配制容易，稳定性差，对环境无污染，所以目前大多数钢厂都采用这类润滑剂。

项目任务单

项目名称： 金属压力加工中的外摩擦	姓名		班级	
	日期		页数	共________页

一、填空

1. 在金属发生塑性变形时，变形金属与工具相接触的表面上存在着一种阻碍金属质点自由流动的作用，这种作用就是________。
2. 冷轧采用工艺润滑可以________金属的变形抗力。
3. 冷轧工艺润滑剂的基本要求是要有良好的吸附性能和________。
4. 生产中通过乳化剂的作用把少量的油和大量的水混合起来，制成乳状的冷润液，称为________。
5. 库仑摩擦定律的数学表达式为________。

二、判断

(　)1. 摩擦对的接触表面越光滑，摩擦系数越小。
(　)2. 外摩擦力在压力加工中起阻碍作用。
(　)3. 轧制过程中采用工艺润滑可以提高轧制产品质量。
(　)4. 钢轧辊的摩擦系数要比铸铁轧辊的摩擦系数大。
(　)5. 随接触表面单位压力的增加，摩擦系数增加。
(　)6. 随变形温度的增加，摩擦系数增大。
(　)7. 在轧钢生产中采用的水－油乳化液浓度通常在1%～10%范围内。
(　)8. 热轧工艺润滑剂由基础油与功能添加剂构成。
(　)9. 热轧工艺润滑剂常用的添加剂主要为油性剂、增黏剂和极压剂。
(　)10. 按热轧润滑剂的使用状态可将其分为固体润滑剂、纯油、水－油润滑剂。

三、单项选择

1. 随着钢的含碳量增加，摩擦系数（　　）。
   A. 增大　　B. 减小　　C. 不变

<table>
<tr><td rowspan="2">项目名称：
金属压力加工中的外摩擦</td><td>姓名</td><td></td><td>班级</td><td></td></tr>
<tr><td>日期</td><td></td><td>页数</td><td>共＿＿＿＿页</td></tr>
</table>

2. 随钢中合金元素的增加，摩擦系数（　　）。

A. 增大　　B. 减小　　C. 不变

3. 随变形速度的增加，摩擦系数（　　）。

A. 增大　　B. 减小　　C. 不变

4. 目前被大多数热轧厂采用的润滑剂是（　　）。

A. 乳化液　　B. 油－水混合液　　C. 纯油

5. 实际生产中用得最广的一种冷轧工艺冷润液是（　　）。

A. 乳化液　　B. 矿物油　　C. 动植物油

四、简答

金属压力加工中的外摩擦与机械传动中的摩擦相比，有哪些特征？

五、计算

某热轧型钢车间，在 1000℃ 用锻钢轧辊轧制低碳钢，若轧制速度低于 1.5m/s，试估算其摩擦系数。

检查情况		教师签名		完成时间	

项目4　塑性变形基本定律和不均匀变形现象

【项目提出】

金属压力加工成型方式很多，无论哪一种加工方式都遵循着共同的规律，如在变形前后体积不变、金属质点都按阻力最小的方向流动、塑性变形时同时存在弹性变形而且变形都是不均匀的等。因此了解和掌握塑性变形的基本规律和共同现象对于全面掌握金属塑性变形原理是非常重要的。

【知识目标】

(1) 掌握体积不变定律、最小阻力定律和的弹塑性共存定律的实质与应用。

(2) 掌握不均匀变形的概念、原因与危害。

【能力目标】

(1) 会描述体积不变定律、最小阻力定律和弹塑性共存定律。

(2) 具有应用体积不变定律计算金属尺寸的能力。

(3) 能应用最小阻力定律解释轧制时延伸大于宽展的原因。

(4) 能分析不均匀变形产生的原因及危害。

(5) 具有采取措施减轻不均匀变形从而提高产品质量的能力。

任务4.1　体积不变定律的应用

4.1.1　体积不变定律的内容

自然界存在一个质量不变定律，而物体的质量等于体积和密度的乘积。因此，在压力加工过程中，只要金属的密度不发生变化，变形前后的体积就不会发生变化。在金属压力加工的理论研究和工程计算中，通常认为金属变形前后的体积不变；在实际生产中，铸态沸腾钢锭在热轧前的密度为 $6.9\times10^3\text{kg/m}^3$，轧制后其密度为 $7.85\times10^3\text{kg/m}^3$，即体积约减少了13%，继续加工时其密度则始终保持不变。因此可以说，除内部存在大量气泡的沸腾钢锭或者有缩孔及疏松的镇静钢锭的前期加工外，热加工时，金属的体积是不变化的。而冷加工时，金属内部形成大量微细的疏松现象，金属的密度大约减少0.1%～0.2%，显然，所引起的体积变化是完全可以忽略的。

根据以上所述可以得出结论：不论金属的冷加工或热加工，其密度的变化都很小（除钢锭的前期加工外）。因此可以认为：变形前后金属的体积不变或为常数。也就是说，金属塑性变形前的体积等于其变形后的体积，此即体积不变定律，其数学表达式为：

$$V_0 = V_n = 常数 \tag{4-1}$$

如果变形金属为矩形断面，且变形前的厚度、宽度、长度分别为 H、B、L，变形后变化为 h、b、l，则式（4－1）可以改写为：

$$HBL = hbl \tag{4-2}$$

若变形前后工件的截面为其他任何形状，变形前后的横截面积分别为 F_0 和 F_n，则体积不变定律可表示为：

$$F_0 L = F_n l \tag{4-3}$$

在钢锭的初期加工中，通常认为经过四个道次的变形后，其密度就不再变化，计算前四个道次的工件尺寸时，可按经验选择各道次加工后的密度，然后按下式计算：

$$HBL\rho_1 = hbl\rho_2 \tag{4-4}$$

式中，ρ_1 和 ρ_2 分别为某道次变形前后工件的密度。

4.1.2　体积不变定律的应用

体积不变定律在分析和解决实际问题时有很大的作用。根据体积不变定律可以选择坯料尺寸，可以确定变形后的工件尺寸，还可以用在很多理论分析方面。下面就举例说明。

【案例 1】 轧制“$\phi 20$”圆钢，所用原料为方坯，其尺寸为 100mm × 100mm × 3000mm。计算轧后轧件长度（忽略烧损）。

解： 坯料原始截面积为：

$$F_0 = 100 \times 100 = 10000\text{mm}^2$$

轧件轧后横截面积为：

$$F_n = (3.14 \times 20^2)/4 = 314\text{mm}^2$$

由体积不变定律可得：

$$10000 \times 3000 = 314 \times l$$

由此可得轧件轧后长度为：

$$l = \frac{10000 \times 3000}{314} \approx 95540\text{mm}$$

【案例 2】 在某轧机上轧制 50kg/m 的重轨，其理论横截面积为 6580mm^2，孔型设计时选定的钢坯断面尺寸为 325mm × 280mm，要求一根钢坯轧成三根定尺为 25m 长的重轨，计算合理的钢坯长度应为多少?

解： 根据生产实际经验，选择加热时的烧损率为 2%，轧制后切头、切尾及重轨加工余量共计 1.9m，根据标准选定由于钢坯断面的圆角损失的体积为 2%，由此可得轧件轧后的长度应为：

$$l = (3 \times 25 + 1.9) \times 10^3 = 76900\text{mm}$$

由体积不变方程式可得：

$$325 \times 280L(1 - 2\%)(1 - 2\%) = 76900 \times 6580$$

由此可得钢坯长度：

$$L = \frac{76900 \times 6580}{325 \times 280 \times 0.98 \times 0.98} \approx 5790\text{mm}$$

故选择钢坯长度为 5.8m。

任务 4.2　体积不变定律的验证

4.2.1　任务目标

（1）验证金属变形前后体积大致保持相等。

（2）会正确使用工具、量具，能正确操作轧钢机。

（3）熟悉实验操作方法，安全文明操作。

4.2.2　相关知识

在实际生产中，铸态沸腾钢锭在轧制后其体积约减少了 13%，继续加工时其密度则始终保持不变。因此可以说，除内部存在大量气泡的沸腾钢锭或者有缩孔及疏松的镇静钢锭的前期加工外，热加工时，金属的体积是不变的。而冷加工时，金属内部形成微细的疏松现象，金属的体积略有增大，当然，所引起的体积变化是完全可以忽略的。因此在实际计算时可以认为体积是不变的，用数学公式可以表示为 $V_0 = V_n$。

4.2.3　实验器材

（1）ϕ130mm 实验轧机。

（2）游标卡尺、锉刀、20 号机油、200 号溶剂汽油或丙酮、直角尺、划针。

（3）铅试样 $H \times B \times L = 7\text{mm} \times 40\text{mm} \times 60\text{mm}$ 一块，如图 4－1 所示。

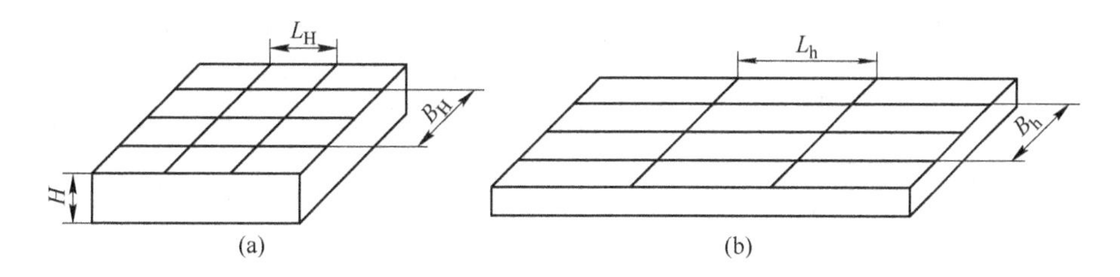

图 4－1　轧制前后铅试样示意图

（a）轧制前；（b）轧制后

4.2.4　任务实施

（1）选取铅试样，清洁其表面并锉去飞翅，用直角尺和划针画出其边长为整数的矩形，如图 4－1 所示，将 H、B_H、L_H 记入实验数据记录表内，为了精确起见，可多量几次取平均值。

（2）在用汽油擦净和调整好的轧机上采用 $\Delta h_1 = 2\text{mm}$，轧制一道后测量各对应尺寸 h、B_h、L_h 记入表 4－1 内。

（3）再以 $\Delta h_2 = 1.5\text{mm}$ 和 $\Delta h_3 = 1\text{mm}$ 各轧制一道，并将对应尺寸分别记录在表 4－1 内。

4.2.5 工作任务单

学生依据实验手册的要求及操作步骤，在教师的指导下完成本工作任务，并填写任务单。

工作任务单

<table>
<tr><td rowspan="2">任务名称</td><td rowspan="2">体积不变定律的验证</td><td>姓名</td><td></td><td>班级</td><td></td></tr>
<tr><td>小组成员</td><td colspan="3"></td></tr>
<tr><td>具体任务</td><td colspan="5">测量各道次轧后轧件的尺寸，验算体积是否不变。</td></tr>
<tr><td colspan="6">一、知识要点
1. 体积不变定律的内容。

2. 体积不变定律的功用。</td></tr>
<tr><td colspan="6">二、实验数据记录</td></tr>
</table>

表4-1 实验数据记录表

<table>
<tr><td>道次</td><td>参数 / 方块</td><td>H/mm</td><td>B_H/mm</td><td>L_H/mm</td><td>Δh/mm</td><td>ΔB/mm</td><td>V/mm^3</td></tr>
<tr><td rowspan="4">0</td><td>1</td><td></td><td></td><td></td><td></td><td></td><td></td></tr>
<tr><td>2</td><td></td><td></td><td></td><td></td><td></td><td></td></tr>
<tr><td>3</td><td></td><td></td><td></td><td></td><td></td><td></td></tr>
<tr><td>平均</td><td></td><td></td><td></td><td></td><td></td><td></td></tr>
<tr><td rowspan="4">1</td><td>1</td><td></td><td></td><td></td><td></td><td></td><td></td></tr>
<tr><td>2</td><td></td><td></td><td></td><td></td><td></td><td></td></tr>
<tr><td>3</td><td></td><td></td><td></td><td></td><td></td><td></td></tr>
<tr><td>平均</td><td></td><td></td><td></td><td></td><td></td><td></td></tr>
<tr><td rowspan="4">2</td><td>1</td><td></td><td></td><td></td><td></td><td></td><td></td></tr>
<tr><td>2</td><td></td><td></td><td></td><td></td><td></td><td></td></tr>
<tr><td>3</td><td></td><td></td><td></td><td></td><td></td><td></td></tr>
<tr><td>平均</td><td></td><td></td><td></td><td></td><td></td><td></td></tr>
<tr><td rowspan="4">3</td><td>1</td><td></td><td></td><td></td><td></td><td></td><td></td></tr>
<tr><td>2</td><td></td><td></td><td></td><td></td><td></td><td></td></tr>
<tr><td>3</td><td></td><td></td><td></td><td></td><td></td><td></td></tr>
<tr><td>平均</td><td></td><td></td><td></td><td></td><td></td><td></td></tr>
</table>

任务名称	体积不变定律的验证	姓名		班级	
		小组成员			

三、训练与思考

1. 计算轧制前后轧件体积的误差值和占总体积的百分数。

2. 分析造成体积误差的因素有哪些？

四、检查与评估

1. 检查实验完成情况；
2. 根据实验过程中的自我表现，对自己的工作情况进行自我评估，并总结改进意见；
3. 教师对小组工作情况进行评估，并进行点评；
4. 教师、各小组、学生个人对本次的评价给出量化。

考核项目	评分标准	分数	学生自评	小组评价	教师评价	备注
安全生产	有无安全隐患	10				
活动情况	积极主动	5				
团队协作	和谐愉快	5				
现场 5S	做到	10				
劳动纪律	严格遵守	5				
工量具使用	规范、标准	10				
操作过程	规范、正确	50				
实验报告书写	认真、规范	5				
总　分						

教师签名： 年　月　日	总　评	

任务 4.3　最小阻力定律的应用

4.3.1　最小阻力定律的内容

金属塑性变形时，内部各质点产生了位移，通常称之为金属质点的流动。金属质点的流动和变形是互为因果的。可以说，金属变形时，金属质点的流动是由于金属塑性变形所引起的。

当变形体的质点有可能沿不同方向移动时，则每一质点将沿阻力最小的方向流动——

这就是最小阻力定律。

最小阻力定律可以用以下几个简单的实验进行验证。压缩一矩形断面柱体如图 4－2（a）所示，当柱体和压头接触表面上各个方向的摩擦系数完全相同时，接触表面上质点向自由表面流动的摩擦阻力和质点离自由表面的距离成正比，因此，离自由边界越近，阻力越小，金属质点就必然向这个方向流动。这样就形成了以 4 个角的平分线为分界线的 4 个区域，这 4 个区域内的质点到各自的自由表面的距离都是最短的。由于向长边方向流动的质点数目多于短边方向，因此，镦粗后的断面由矩形过渡到椭圆形，继续不断镦粗最终会变成圆形。当压缩一正方形断面柱体时，如图 4－2(b）所示，其质点将沿垂直于各周边的最短路线移动。画出正方形断面的角平分线，就可以很容易地判明各区域内质点的流动方向。从图 4－2 中可以看出，沿着水平与垂直两轴流动的质点数目最多，正方形断面变形后逐渐趋于圆形。当压缩一个圆柱体时，与接触面平行的各截面中，所有质点都沿着最短法线方向即径向移动。所以变形后其断面形状仍保持圆形，如图 4－2(c）所示。

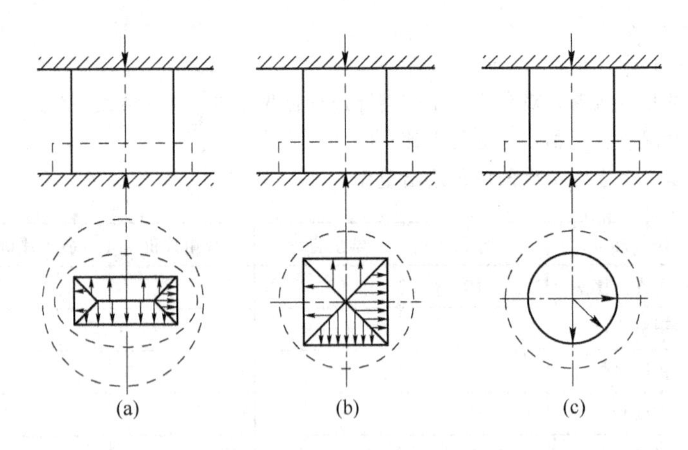

图 4－2 镦粗不同断面试样变形后的断面形状

（a）矩形断面试样镦粗；（b）方断面试样镦粗；（c）圆断面试样镦粗

由此可以看出，在塑性变形过程中，如果变形足够大，各种断面的工件在变形后其断面都将变成圆形。由于在断面积相同的情况下，以圆形断面的周长最短，所以最小阻力定律也称最小周边法则。

金属塑性变形时，质点向阻力最小的方向流动，所消耗的功也最小，因此，最小阻力定律也称为最小功原理。同时，阻力最小的方向也是到周边法线距离最短的方向，因此，最小阻力定律也称为最短法线法则，即垂直于外力的截面中，任一质点将沿截面周边的最短法线方向移动。

4.3.2 最小阻力定律的应用

最小阻力定律是力学的普遍原理，用它可以分析金属塑性变形时质点的流动规律和定性地确定金属质点的流动方向。如平辊上轧制时，变形区内金属流动方向可以这样来分析：根据最小阻力定律，将轧制变形区分成如图 4－3 所示的 4 个区域，其中 3、4 两区域金属质点往长度方向流动形成延伸，1、2 两区域金属质点往宽度方向流动形成宽展。由几何关系知，3、4 区的面积大于 1、2 区的面积，说明往长度方向流动形成延伸的金属质点数目比往宽度方向流动宽展的金属质点数目多，所以延伸总是大于宽展。

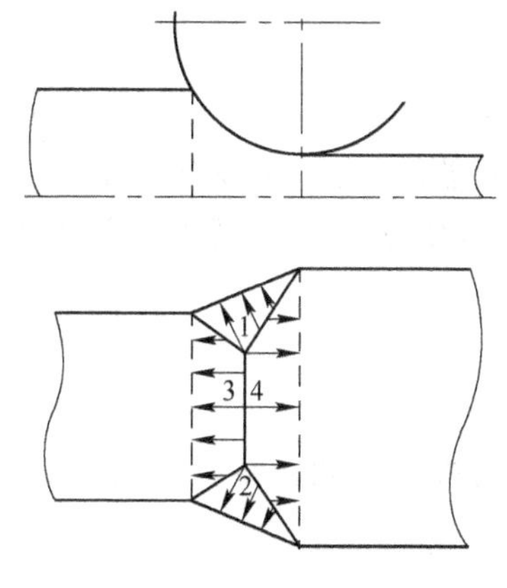

图 4 – 3　轧制时的变形区

任务 4.4　最小阻力定律的验证

4.4.1　任务目标

（1）观察实验现象，验证最小阻力原理。

（2）会正确使用工具、量具，能正确操作万能材料试验机。

（3）熟悉实验操作方法，安全操作。

4.4.2　相关知识

在塑性变形理论和生产实践中常常用到最小阻力定律。该定律指出，变形物体的质点有向不同方向流动的可能时，它们一定向着阻力最小的方向移动。根据这一定律，在镦粗任何断面形状的物体时，只要压缩变形量足够大，最后其断面都将趋于圆形。

在平行平板下镦粗金属时，在压力作用下，金属质点向四面流动。由于接触面上摩擦阻力阻碍金属质点沿水平面各方向流动，当接触表面上各个方向的摩擦系数完全相同时，金属质点流动所消耗的能量与质点离自由表面的距离成正比。因此距离自由边界距离愈小，能耗愈小，金属质点沿这个方向必然更容易流动。镦粗矩形断面试样时，由于向长边方向流动的质点数目多于短边方向，因此，矩形断面试件在镦粗后的断面由矩形过渡到椭圆形，继续不断镦粗最终会变成圆形。镦粗正方形断面柱体时，沿着水平与垂直两轴流动的质点数目最多，正方形断面变形后逐渐趋于圆形。镦粗圆柱体时，与接触面平行的各截面中，所有质点都沿着径向移动，所以变形后其断面形状仍保持圆形。

4.4.3　实验器材

（1）液压式万能材料试验机。

（2）游标卡尺。

（3）铅试件（$a \times b \times h = 20\text{mm} \times 20\text{mm} \times 15\text{mm}$，$a \times b \times h = 15\text{mm} \times 25\text{mm} \times 15\text{mm}$ 各一

块）。

4.4.4 任务实施

（1）取尺寸为 20mm × 20mm × 15mm 和 15mm × 25mm × 15mm 的直角六面体铅试件，分别在有比较粗糙表面的平板间进行压缩，每次压下量为 $\Delta h = 3\text{mm}$，共压下 4 次。

（2）每次压缩后，将试件断面形状描于纸上，并用卡尺测量试件断面形状的周边尺寸。

4.4.5 工作任务单

学生依据实验手册的要求及操作步骤，在教师的指导下完成本工作任务，并填写任务单。

工作任务单

<table>
<tr><td rowspan="2">任务名称</td><td rowspan="2">最小阻力定律的验证</td><td>姓名</td><td></td><td>班级</td><td></td></tr>
<tr><td>小组成员</td><td colspan="3"></td></tr>
<tr><td>具体任务</td><td colspan="5">通过正方形和矩形试样的镦粗来验证最小阻力定律。</td></tr>
<tr><td colspan="6">一、知识要点
1. 最小阻力定律的内容。

2. 最小阻力定律的功用。

</td></tr>
<tr><td colspan="6">二、实验记录
每次压缩后，描下试件断面形状，并用卡尺测量试件断面形状的周边尺寸。

</td></tr>
<tr><td colspan="6">三、训练与思考
根据观察到的实验现象，讨论最小阻力定律的内容，并作出结论。

</td></tr>
</table>

<table>
<tr><td rowspan="2">任务名称</td><td rowspan="2">最小阻力定律的验证</td><td>姓名</td><td></td><td>班级</td><td></td></tr>
<tr><td>小组成员</td><td colspan="3"></td></tr>
</table>

四、检查与评估

1. 检查实验完成情况；
2. 根据实验过程中的自我表现，对自己的工作情况进行自我评估，并总结改进意见；
3. 教师对小组工作情况进行评估，并进行点评；
4. 教师、各小组、学生个人对本次的评价给出量化。

考核项目	评分标准	分数	学生自评	小组评价	教师评价	备注
安全生产	有无安全隐患	10				
活动情况	积极主动	5				
团队协作	和谐愉快	5				
现场 5S	做到	10				
劳动纪律	严格遵守	5				
工量具使用	规范、标准	10				
操作过程	规范、正确	50				
实验报告书写	认真、规范	5				
总　分						

教师签名： 年　月　日	总　评	

任务 4.5　了解弹塑性共存定律

4.5.1　弹塑性共存定律的内容

由弹性变形和塑性变形的实质可知，金属在发生塑性变形以前，必须先发生弹性变形，即由弹性变形过渡到塑性变形；在塑性变形过程中，必定伴随着弹性变形的存在，这就是所谓的弹塑性共存定律。

弹塑性共存定律可以通过拉伸实验来证实。如图 4－4 所示为单向拉伸时的应力－应变关系曲线。当应力小于屈服极限时，为弹性变形范围，在曲线上表现为 OA 段，若加载到 A 点以前卸载，变形会完全消失，表明这时的变形全是弹性变形。若加载到 A 点以后继续增加应力，即应力超过屈服极限时就会发生塑性变形，在曲线上表现为 ABC 段。在曲线 C 点，试件产生断裂，表明塑性变形终结。当加载到 B 点时，变形为 OE（$OD+DE$）段，如果此时卸载，保留下来的变形是 OD 而不是 OE，即 DE 随载荷的去除而消失，这种消失的变形就是弹性变形。对于弹性变形的消失可以这样认为：金属是由多晶体组成，其内部的原子排列方位各不相同，在外力的作用下，有的处于有利于变形的方位，有的处于不利或

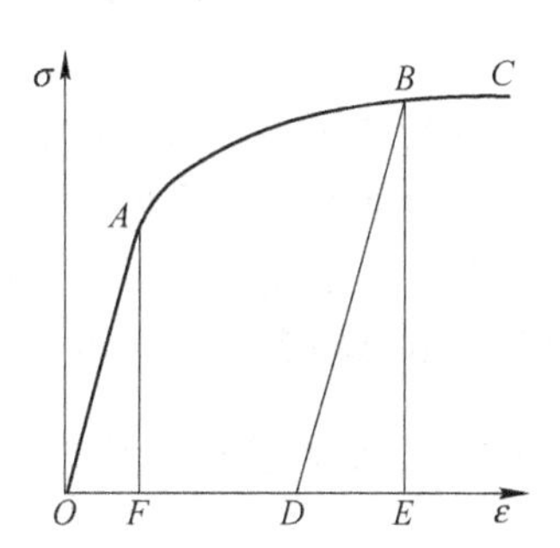

图 4－4　拉伸应力－应变曲线

不完全有利的方位，这样就使有的原子能够移到新的平衡位置，有的只移动不足半个原子间距的距离，因此，在宏观变形的某一瞬间，必然会有一部分正处于由一个稳定位置向另一个稳定位置过渡的不稳定状态。一旦卸载，这些处于不稳定状态的原子就会回到原来的稳定位置上去而表现为有小部分的弹性恢复。

4.5.2　弹塑性共存定律的实际意义

弹塑性共存定律在金属压力加工中具有重要的意义。在压力加工过程中，加工工具和变形金属是相互作用的，压力加工中要求金属具有最大的塑性变形，而工具则不允许有任何塑性变形，而且工具的弹性变形也越小越好。因此在设计工具时应选择弹性极限高、弹性模数大的材料。使用时尽量使工具在较低温度下工作，相应的要求被加工的金属抗力越小塑性越高越好。

由于金属在变形中弹塑性共存，因此轧制后金属的高度比预先拟定的高度要大。这是因为轧件和轧机都产生弹性变形的缘故。轧件轧制后真正的高度 h 应等于轧制前预先调整好的辊缝或孔型高度 h_0 加上轧制时工具的弹性变形 h_n（轧机所有部件的弹性变形在辊缝上的增加值）及轧制后轧件的弹性变形 h_m，如图4－5所示。即：

$$h = h_0 + h_n + h_m \tag{4-5}$$

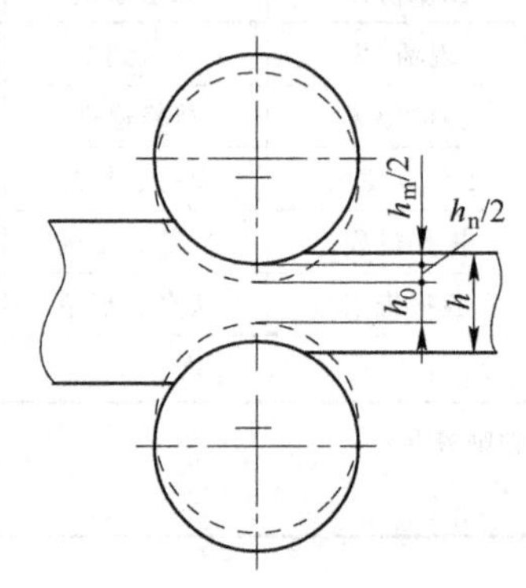

图4－5　轧件轧后尺寸的组成

因此，轧件轧制后的变形量比原定的要小。这种情况在冷轧薄带钢时特别要引起足够的重视，以保证轧制后的尺寸精度。例如，冷轧极薄带钢时，有可能使轧机总弹性变形量等于或超过带钢的轧后厚度。在这种情况下轧制是不可能实现的。实际生产中常采用轧辊预压紧的方法，部分地抵消工具的弹性变形，然后再向压紧的轧辊中送入轧件，这样才有可能使轧件得到应有的变形量。

另外，四辊轧机和多辊轧机的使用，其中一个原因就是减少轧辊的弹性变形，从而可以轧制宽而薄的带钢。

任务4.6　认知压力加工中的不均匀变形

在金属压力加工过程中，均匀变形只是一种理想状态，实际加工过程中受多种因素的影响，金属在变形区内各处的应力和变形是不均匀分布的。这种现象使加工工艺复杂化，并导致产品质量严重下降。所以，必须了解应力和变形的不均匀性，以便采取各种有效措施防止和减少其不良影响，提高产品的产质。

4.6.1　应力和变形不均匀的现象

4.6.1.1　均匀变形和不均匀变形

A　均匀变形条件

如图4－6所示将变形物体分为很多小格，形成坐标网格。设变形物体的原始高度为

H、宽度为 B，每个小格的原始高度为 H_x、宽度为 B_x，如图 4－6(a) 所示；变形后高度为h、宽度为 b，任意小格的高度为 h_x、宽度为 b_x，如图 4－6(b) 所示。

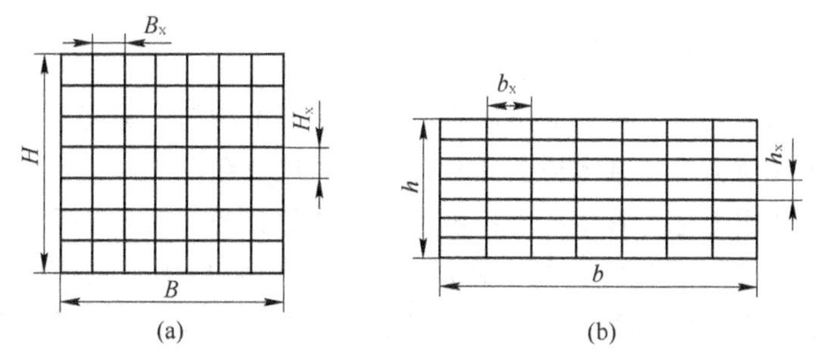

图 4－6　变形物体的坐标网格

(a) 变形前；(b) 变形后

高度方向均匀变形的条件是：

$$\frac{H_x}{h_x}=\frac{H}{h}$$

宽度方向均匀变形的条件是：

$$\frac{B_x}{b_x}=\frac{B}{b}$$

如果上述两个条件同时成立，即物体在高度和宽度方向的变形是均匀的，那么长度方向的变形也就是均匀的，则整个物体的变形就是均匀变形；反之就是不均匀变形。

B　均匀变形的特性标志

均匀变形有两个明显的特性标志：

(1) 平面与直线在变形后仍为平面与直线。

(2) 平行线及平行平面在变形后仍保持平行。

如果物体在变形前后，符合上这两个特性标志，则物体的变形是均匀的，否则就是不均匀的。

C　实现均匀变形的条件

塔尔诺夫斯基曾经提出，为了实现均匀变形必须同时满足下述 5 个条件：

(1) 变形物体是等向性的。

(2) 变形物体内任意质点所处的物理状态完全一样。

(3) 接触面上任意质点的绝对及相对压下量相同。

(4) 变形物体没有外端（外区）。

(5) 接触面上完全没有外摩擦。

可以看出，要同时满足上述 5 个条件是很困难的，严格来说是不可能的。即使采取特殊措施进行试验，也只能是近似地接近于均匀变形。所以说，在实际的金属压力加工过程中，不均匀变形是客观存在的。

D　探究变形分布的方法

金属在各种情况下变形不均匀的表现以及所造成的后果不尽相同，但也有大量共性方面。探究这种现象一般采用实验法，如网格法、螺钉法、硬度法、比较晶粒法等，其中以网格法应用最广。

4.6.1.2　*应力分布不均匀现象*

变形物体的不均匀变形，将使变形体内应力分布也不均匀，除基本应力外还将产生附加应力，此时的工作应力等于基本应力和附加应力的代数和。

由外力所引起的应力称为基本应力；由于物体各部分的不均匀变形受到物体整体性的限制，而在物体各部分间引起的相互平衡的应力称为附加应力。工作应力也称为实际应力，它是物体变形时实际所承受的应力，等于基本应力和附加应力的代数和。

附加应力可以分为三类。第一类（宏观级）附加应力是物体宏观上一部分与另一部分间由于不均匀变形而引起的彼此互相平衡的附加应力；第二类（微观级）附加应力是组成物体的一部分晶粒与另一部分晶粒之间由于不均匀变形而引起的彼此互相平衡的附加应力；第三类（原子级）附加应力是一个晶粒内部一部分与另一部分间由于不均匀变形而引起的彼此互相平衡的附加应力。

【案例分析】 如图 4－7 所示为在凸形轧辊上轧制矩形坯的情况。由图 4－7 可以看出，轧件边缘部分 a 的压下量小，纵向延伸就小；中间部分 b 的压下量大，纵向延伸就大。若 a、b 两部分不是同一整体，变形后的结果是中间部分比边缘部分的纵向延伸大，如图 4－7 中的虚线所示。但轧件实际上是一个整体，虽然各部分的压下量不同，纵向延伸将趋向于一致。由于金属整体性限制的结果，使中间部分给边缘部分施以附加拉力以迫使其增加延伸；而边缘部分将给中间部分施以附加压力迫使其减少延伸。因此在中间的边缘两部分之间产生了相互平衡的附加内力。中间部分受附加压力的结果使中间部分产生附加压应力，边缘部分受附加拉力的结果使边缘部分发生附加拉应力，因此出现应力分布不均的现象。如果中间部分所受附加压应力过大，在变形结束后有可能出现波浪形（中间浪）；如果边缘部分所受附加拉应力过大，则有可能将轧件边部拉裂。

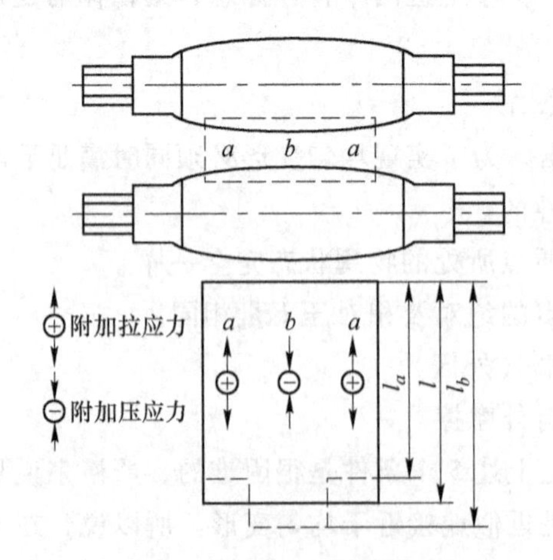

图 4－7　在凸形轧辊上轧制矩形坯的情况

l_a—若边缘部分自成一体时，轧制后的可能长度；l_b—若中间部分自成一体时，轧制后的可能长度；

l—整体轧件轧制后的实际长度

4.6.2　不均匀变形的原因

引起不均匀变形的主要原因有：金属与工具接触面上的外摩擦、变形区的几何因素、工具和变形体外端以及变形体内部温度、性质不均匀等。这些因素或单独作用，或几个因素共同作用，均使变形不均匀表现明显。

4.6.2.1　接触面上的外摩擦对不均匀变形的影响

外摩擦对变形和应力分布的影响在圆柱体镦粗时表现最为明显。如图 4－8 所示，在外力 P 的作用下，坯料高度减小，横断面积增加。由于接触面摩擦力的存在，坯料变形后呈单鼓形。根据变形物体内各处变形程度的不同，可以划分为 3 个区域：Ⅰ区称为难变形区，该区质点由于受到很大的摩擦阻力，变形很小；同时由于摩擦力的影响随与接触表面的距离增加而减弱，所以Ⅰ区大体上是一个圆锥体。Ⅱ区是大变形区，它处于上下两个难变形体之间与外力约成 45°的最有利方位，它受到接触表面的摩擦阻力影响较小，因而水平方向受到的压应力较小，主要是在轴向力作用下产生很大的压缩变形，使其在径向产生很大的扩张，又称易变形区。Ⅲ区是变形程度居于其他两个变形区中间的自由变形区，它的外侧是自由表面，端面摩擦力影响较小，近似于单向压缩，其变形主要是受到区域Ⅱ的扩张作用。

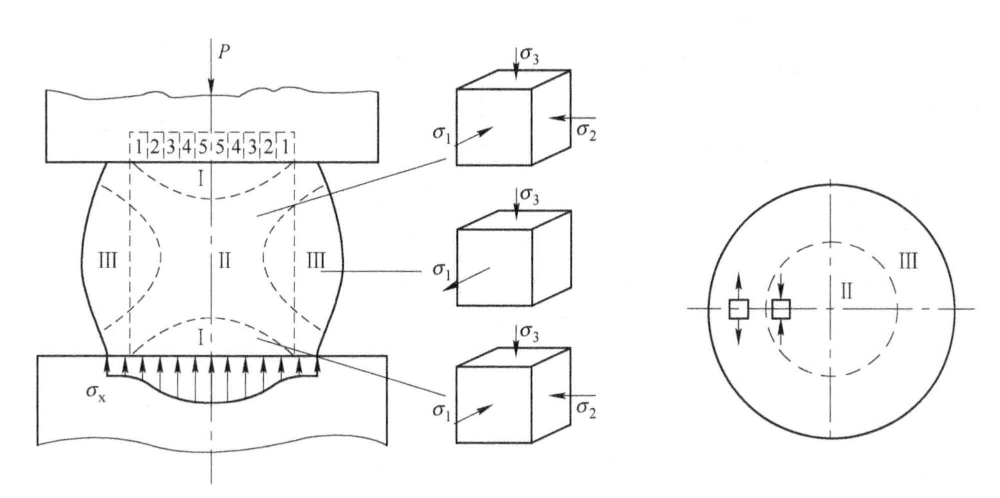

图 4－8　圆柱体镦粗时摩擦力对不均匀变形的影响

由于变形不均匀，在三个区域间将产生附加应力。在Ⅰ、Ⅱ两区间，由于Ⅰ区变形小Ⅱ区变形大，区域Ⅰ将在直径和切线方向对区域Ⅱ施加附加压应力；区域Ⅱ则在径向和切向对区域Ⅰ施加附加拉应力。在Ⅱ、Ⅲ两区之间，区域Ⅱ的变形大于区域Ⅲ，区域Ⅲ就像是套在区域Ⅱ外面的一个“箍”，它受到区域Ⅱ的扩张作用而在切线方向产生附加拉应力；区域Ⅱ则在径向和切向受到区域Ⅲ所施加的附加压应力。

Ⅰ区在高度方向受作用力和正压力作用而产生压应力；在径向和切向受摩擦力引起的压应力和区域Ⅱ所施加的附加拉应力作用，但压应力仍大于附加拉应力，所以区域Ⅰ仍保持三向压应力状态。Ⅱ区在高度方向受作用力和正压力作用而产生压应力，在径向和切向主要受到区域Ⅲ所施加的附加压应力作用，所以区域Ⅱ同样保持原来的三向压应力状态。

Ⅲ区在高度方向受作用力和正压力作用而产生压应力；在切线方向受区域Ⅱ所施加的附加拉应力作用；在直径方向上，所受端面摩擦力较小，可忽略，同时也没有其他附加应力存在，所以在直径方向可以认为没有应力，故区域Ⅲ为一向（切向）拉应力、一向（高度方向）压应力的平面应力状态，镦粗时在坯料侧面出现裂纹，即为此切向拉应力过大的结果。

由于外摩擦的影响，变形体变形不均匀的同时也使接触面上的应力分布不均匀，由坯料边缘到坯料中部，应力逐渐长高，如图4－8所示。就是因为当最外面第1层质点受到压缩而产生变形时，质点向外流动只受摩擦阻力的作用，同时由于摩擦阻力使其流动受阻，因此它将对第2层质点的流动产生阻碍，所以当第2层质点向外流动时，除了受到摩擦阻力作用外，还受到第1层的阻碍作用；同理，当第3层质点向外流动时，除了受到摩擦阻力作用外，还受到第1、2层的阻碍作用。以此类推，由外层到内层应力是逐渐增加的。

4.6.2.2　变形区几何因素对不均匀变形的影响

变形区的几何因素对轧制来说是指轧件厚度与变形区长度或宽度之比 H/L、H/B，对镦粗来说是指锻件的高度与直径之比 H/d。这些因素常与外摩擦共同作用，造成不均匀变形。实践证明，镦粗圆柱体时，当 $H/d \leqslant 2$ 时出现单鼓形；当 $H/d > 2$ 且变形程度较小时出现双鼓形，如图4－9所示。

工件受外力作用时，与上下接触面邻近的金属受到较大的摩擦阻力作用，沿径向流动困难，变形较小。在工件中部，金属受端面摩擦阻力较小，易于发生径向流动。如果工件高度较小，上下两个难变形锥的楔劈作用可渗透到工件中部，使中部金属产生较大的变形，从而形成单鼓形。高件镦粗时，靠近两接触面的难变形锥彼此相距甚远，其楔劈作用仅涉及与其靠近的局部区域，当变形程度较小时，变形不渗透，主要集中在上下两端面附近的局部区域，中间部分变形较小甚至不变形，于是形成双鼓形。

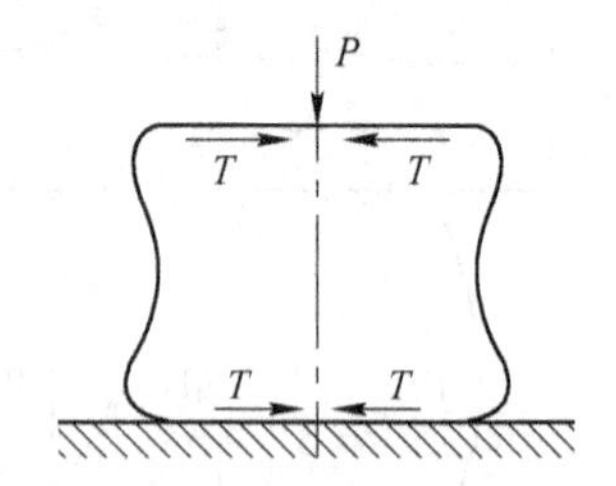

图4－9　镦粗高件时的双鼓形

4.6.2.3　工具和变形体形状对不均匀变形的影响

加工工具和变形体的轮廓形状，其影响实质是造成变形体在某一方向上各部分的变形量不一致，从而使物体内的变形和应力分布不均。

图4－10(a) 所示为方断面轧件进椭圆孔型轧制的情况，由于工具凹形轮廓的影响，使轧件宽度上变形分布不均，中部的压下系数比边缘部分小。如果各部分是自由变形，边缘部分的伸长率应比中部大。但由于受金属整体性和轧件外端的影响，结果使轧件各部分趋向得到同样的延伸。因此，中部受到附加拉应力作用，边部受到附加压应力作用，造成应力分布不均。图4－10(b) 所示方轧件进菱孔形的情况，中部压下率大于边缘部分，因此边缘部分受到附加拉应力作用，中部受附加压应力作用。图4－10(c) 所示为角钢的切深孔型中轧制时，中部的压下率较小而边缘部分压下率较大，其结果使中部有较大的附加拉应力，而边缘部分有附加压应力作用。

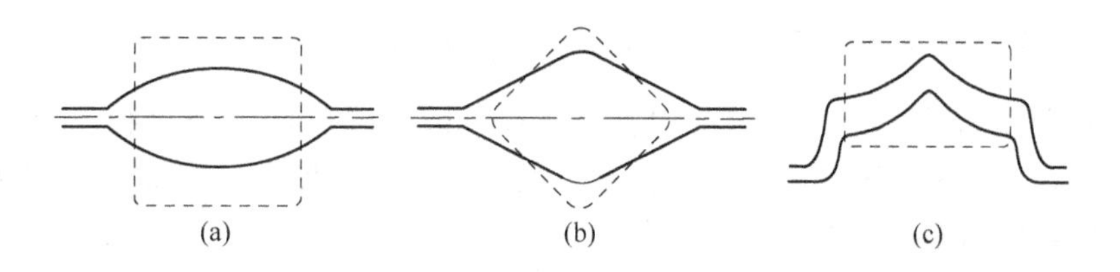

图4-10 几种孔形中的不均匀变形

(a) 椭圆孔轧制方轧件；(b) 菱形孔轧制方轧件；(c) 深切孔型轧制矩形轧件

图4-11所示是把一块矩形铅板两边向里弯折，然后在平辊上轧制的情况。依变形程度把试件分成三个区域。轧制后一区中部出现破裂，而三区的边部产生皱纹（波浪形）。其原因可简述如下：整块轧件的边部压下量都大，自然延伸也大，将产生附加压应力；而中部压下量均小，将产生附加拉应力。在任一横断面上，各部分的拉内力和压内力是相互平衡的，但不同的横断面上产生拉内力和压内力的各部分金属的断面积不相同，这样一来，各个断面上的附加拉应力和附加压应力的大小都不相同。很容易看出，在一区压下量大的边部金属的横断面积大，而压下量小的中部金属的断面积很小，故中部的附加拉应力很大，因而被拉裂，但边部的附加压应力很小，不足以使金属产生波浪形。在三区，边部附加压应力很大而产生波浪形，而中部附加拉应力很小，不可能使金属破裂。在二区，边部的附加压应力和中部附加拉应力都不大，而使轧件轧后较为平直。例如轧制工字钢、角钢、槽钢时，当沿轧件宽度压下量不均匀时，便会产生波纹或破裂。

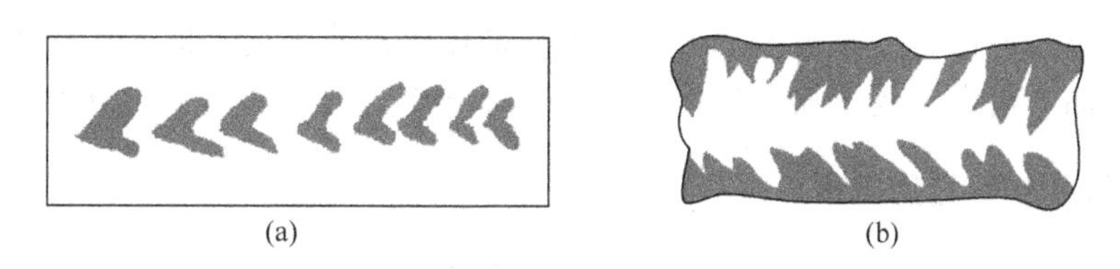

图4-11 压下率不均时轧件产生破裂情况

(a) 中部破裂；(b) 边部皱纹

4.6.2.4 变形体温度分布不均匀对不均匀变形的影响

变形金属的温度直接影响金属的变形抗力。低温金属的变形抗力大，变形困难；高温金属的变形抗力小，变形容易。若某变形体的温度分布不均，则在同一外力作用下，高温和低温两部分金属的变形程度必然不同，并且引起附加应力。另外，由于温度不同，各部分金属的热膨胀不同，从而引起附加热应力。这两种应力叠加的结果，可能引起被加工金属某一部分的断裂。例如，若均热时间不够，可能引起钢锭中间部分温度较低，会在该区产生拉伸热应力。而在轧制的开始阶段，表层金属的变形量大于中间层，在中间层也会造成附加拉应力。这两种应力共同作用，容易超过金属的强度极限而在钢锭中间层产生内部横向裂纹，这对某些低塑性金属的危害尤为严重。

图4-12所示为平辊轧薄钢板时，由于钢板上层比下层温度高，即所谓阴阳面，故轧制时上部金属的延伸比下部大，造成坯料下弯，甚至于发生缠辊事故，这时坯料的上部产生附加压应力，下部产生附加拉应力。

4.6.2.5　变形体性质不均匀对不均匀变形的影响

当金属的内部化学成分、组织结构、方向性、杂质以及加工硬化状态等分布不均匀时，都会使金属产生变形和应力不均匀分布。例如，当被拉伸金属内部存在球状杂质或内部缺陷时，使其和周围晶粒的变形不均匀，引起的应力集中，易产生裂纹，如图4－13所示。这种现象在合金钢中表现尤为突出。

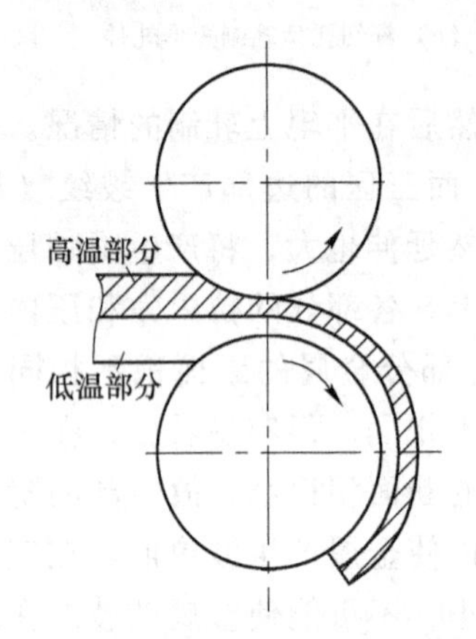

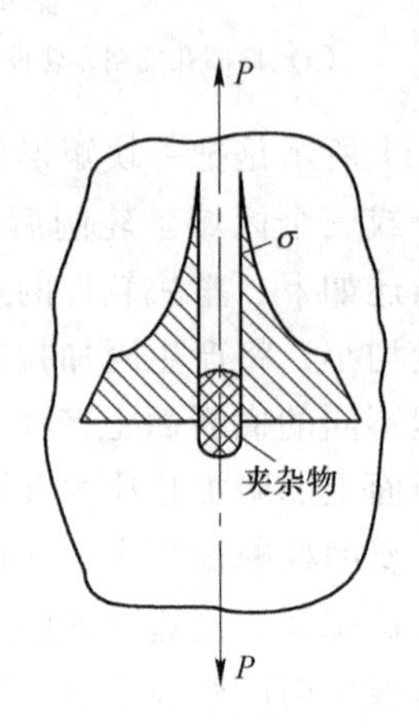

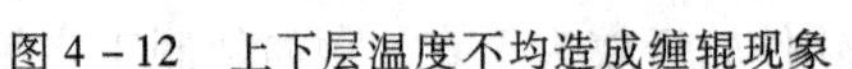
图4－12　上下层温度不均造成缠辊现象　　图4－13　杂质对应力分布的影响

当金属的化学成分不均匀或呈多相状态时，金属各部分变形的难易程度不同，加工时易产生变形和应力不均匀分布现象。另外，当变形体内有残余应力时，由于外力引起的基本应力与之叠加，也会导致再加工时变形体内变形和应力的不均匀分布更加剧烈。

4.6.3　不均匀变形引起的后果

在压力加工过程中，变形和应力不均匀分布会造成以下不良影响：

（1）使单位变形力增大。当变形不均匀分布时，将使变形体内产生不平衡的内力，即产生附加应力。当附加应力与基本应力的符号相反时，工作应力将小于基本应力，要使金属产生塑性变形，必须施加更大的外力，使单位变形力增大，从而使变形的能量消耗增大。

（2）使金属塑性降低。由于变形不均匀导致附加应力，使单位变形力增大，当金属内某处附加应力与基本应力符号相同时，可能会使该处金属的工作应力最先达到金属的断裂强度而发生断裂，因而使金属的塑性降低。

（3）使产品质量下降。由于变形不均匀，使变形体产生附加应力。若变形终了时金属的温度较低，不能充分消除不均匀变形引起的附加应力，则将有一定的附加应力残留于变形体内，从而使材料的力学性能降低。同时由于不均匀变形，变形体内各个部分的变形程度不同，这样的材料经再结晶退火后，将使各个部分的晶粒度不同而出现组织不均，性能不均，变形不均的现象越严重，退火后各处的晶粒度差别越大，产品质量就越差。另外，不均匀变形还能造成产品外形产生弯曲（如浪形、瓢曲等）或其他缺陷，严重时造成产品报废。

（4）使技术操作复杂化。由于变形体内应力分布不均使工具各部分磨损不均，降低工具使用寿命，同时使工具的设计、制造、维护工作复杂化。带钢连轧时，可能破坏正常的连轧过程，使操作复杂化。型钢生产中轧件易发生旁弯、上翘、下弯等现象，使导卫装置复杂化，甚至可能导致缠辊事故，给操作带来许多困难。不均匀变形后对轧材进行热处理时，也会使热处理工艺规程变得复杂。

4.6.4　减轻不均匀变形的措施

在压力加工时一般不希望有应力和变形不均匀现象，以减少其带来的不良影响，通常采取以下措施：

（1）尽量减小接触面上的外摩擦。为降低摩擦系数，加工工具的表面应保持一定的光洁度，或采用适当的工艺润滑措施，采用最适宜的润滑剂。

（2）合理设计加工工具的形状。正确选择与设计轧辊形状及其他工具，使其形状与坯料断面基本符合，以保证变形与应力分布较为均匀。

板带钢轧制时，要正确地设定辊型。热轧薄板时，由于轧制过程中轧辊辊身中部比辊身两端的温度高很多，因而原始辊型应该设计为凹型；冷轧薄板时，应考虑轧辊辊身的弹性弯曲和变形区内辊面的弹性压扁，将原始辊型设计成凸型。型钢轧制时，要正确选择孔型系统，以尽量减轻最后几个轧制道次的不均匀变形。

（3）尽可能使变形金属的成分和组织均匀。这首先要从提高熔炼与浇铸质量方面着手，尽量保证变形体的化学成分和组织结构均匀；其次，对已浇铸的钢锭采用高温均匀退火的办法，也可进一步改善其化学成分的均匀性。后一种办法仅在必要时才采用。

（4）正确选定变形温度 - 速度制度。应使坯料的加热温度均匀，防止加工过程中局部温降；应尽可能在单相区的温度范围内完成塑性变形。

至于变形速度的选择，应考虑变形体的几何尺寸，按合理的变形速度进行轧制。例如，镦粗 H/d 值大的工件时，变形速度应慢一些，以增加变形的深透程度，减小变形后产生的双鼓形；而在 H/d 值较小时，应采取较大的变形速度，以减小工件的单鼓形程度。

4.6.5　残余应力

金属塑性变形时，基本应力在外力除去以后便立刻消失，而附加应力在外力除去、变形终止后，仍继续保留在变形物体内部。这种塑性变形后仍然残留在变形体内的附加应力称为残余应力，分为第一、二、三类残余应力，分别与第一、二、三类附加应力相对应。

4.6.5.1　残余应力所引起的后果

根据实践观测，残余应力可引起下述后果：

（1）使物体发生不均匀的塑性变形。具有残余应力的物体，其工作应力等于基本应力、附加应力及残余应力的代数和，对其进行压力加工时，加剧了变形的不均匀性，从而加强了物体内应力的不均匀分布。

（2）缩短零件的使用寿命。具有残余应力的零件受载荷时，其内部作用的应力为由外力所引起的基本应力与残余应力之和或差，当合成的应力数值超过一定值时，零件产生塑性变形甚至破坏，因而缩短了零件的使用寿命。

(3) 使物体的形状尺寸发生变化。物体内存在相互平衡的残余应力时，物体各部分间存在符号不同的弹性变形和晶格歪扭，当残余应力消失或平衡受到破坏后，物体相应各部分的弹性变形和晶格歪扭发生改变，从而引起物体变形、尺寸发生变化。

物体内的残余应力数值，会随时间的延长而逐渐减小，并且这种过程将随温度升高而加速。因此，物体在变形后，经过相当长时间会因残余应力的逐渐消除而发生尺寸和形状的变化。此外，在某些情况下，由于受打击、振动、热处理等，同样会使具有残余应力的物体发生形状和尺寸的变化。

(4) 降低金属的耐蚀性。当金属表面层具有残余拉应力时，会降低其耐晶间腐蚀性能。

(5) 其他后果。物体中存在的残余应力和在以后加热或冷却中发生的热应力与组织应力符号相同时，则可能导致在物体内某些区域出现很大的拉应力而发生断裂；残余应力还使金属的塑性、冲击韧性及疲劳强度等降低。

4.6.5.2　减轻或消除残余应力的措施

物体内存在残余应力将引起许多不良后果，因此，必须尽量设法防止与消除。在压力加工中防止或减轻残余应力的措施，主要是消除产生不均匀变形的根源，对于加工后已经出现的残余应力，可采取下述方法来减轻或消除：

(1) 变形后进行热处理。加工后对工件进行回火或退火处理，可减轻或消除残余应力。

采用加热到一定温度的热处理方法，是彻底消除物体内残余应力的唯一办法。为了防止物体在以后停放或加工中由于残余应力而引起变形和破裂的危险，并要求保证足够的硬度（强度），可采用低温回火的方法；为了完全消除残余应力，使金属软化以利于以后的切削加工，则可采用再结晶退火的方法；至于不仅要完全消除残余应力，还要利用相变重结晶来均匀细化晶粒，改善组织提高性能，则需把钢加热到 Ac_3 以上进行完全退火。

如果热处理的目的在于消除残余应力，则加热速度不宜太快，应使温度均匀上升；冷却时亦需缓慢降温，以免发生新的残余应力。

(2) 变形后进行机械处理。这种方法的实质是在物体表面再附加一些表面变形，使之产生新的附加应力及残余应力系统，以抵消原有的残余应力系统或尽量降低其数值。

附加表面变形的具体方法有：

(1) 利用滚筒使工件彼此相碰。

(2) 用喷丸法打击工作表面。

(3) 用木槌敲打表面。

(4) 表面辗压。

(5) 表面拉拔。

(6) 在冲模内作表面校形等。

任务 4.7 轧制不均匀变形现象分析

4.7.1 任务目标

（1）观察实验现象，了解轧制过程中出现不均匀变形的原因及影响不均匀变形的因素。

（2）会正确使用工具和量具，能正确操作轧钢机。

（3）熟悉实验操作方法，安全文明操作。

4.7.2 相关知识

在轧制过程中，轧件变形和应力分布不均匀，会影响到产品质量和性能，也使轧制工艺复杂化。

轧制时产生的不均匀变形与轧辊表面状态，轧件断面尺寸及变形量的分布有关，也可由被轧制金属的性质不均引起，如轧件各个部分化学成分不均、轧件断面温度分布不均以及残余应力的作用等。在实际生产中，常常是多个引起不均匀变形的因素同时存在，共同作用而引起变形和应力分布不均匀，所以这种变形不均匀是普遍地存在的，不同条件下仅仅是程度不同而已。

4.7.3 实验器材

（1）ϕ130 实验轧机。

（2）游标卡尺。

（3）铅试件。

4.7.4 任务实施

4.7.4.1 沿轧件宽度上不均匀压缩

（1）准备工作。

1）取铅片三块，其尺寸分别为：

$H \times B \times L = 0.5\text{mm} \times 38\text{mm} \times 70\text{mm}$

$H \times B \times L = 0.5\text{mm} \times 48\text{mm} \times 70\text{mm}$

$H \times B \times L = 0.5\text{mm} \times 54\text{mm} \times 70\text{mm}$

2）取梯形铅试件一块，其尺寸为：

$B_1 \times B_2 \times L = 55\text{mm} \times 40\text{mm} \times 70\text{mm}$，其厚度 $H = 0.5\text{mm}$

3）取铅试件一块，其尺寸为：

$H \times B \times L = 0.5\text{mm} \times 75\text{mm} \times 100\text{mm}$

（2）实施过程说明。

1）将试件的边部折叠成两层，如图 4-14 所示，折叠后的三块试件宽度都是 30mm 宽，试件轧后的厚度为 0.2mm。

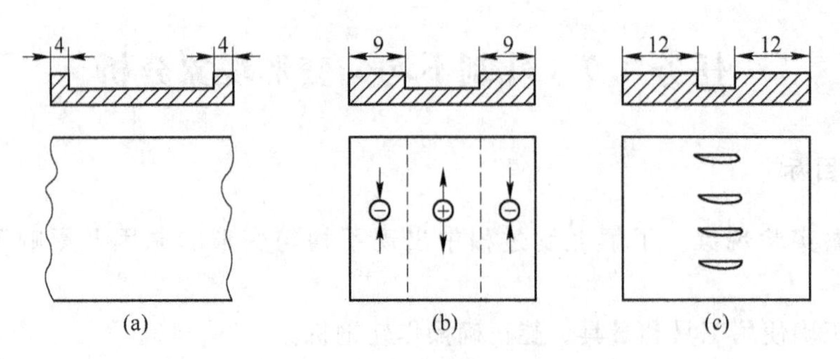

图 4－14　试样及试验结果示意图
（a）～（c）试件

轧完以后，试件（a）的边缘部位出现波纹，试件（b）仍然平直，而试件（c）的中间出现横裂。这是由于不均匀变形的结果，在试件的边缘均产生纵向压应力，而在试件中间产生纵向拉应力。在试件的整个断面上，纵向拉应力区和压应力区的内力是互相平衡的。在试件（a）上，压应力集中在宽度为 4mm 的两个边部，与其余受拉力作用部分的断面积相比很小，因此这里的纵向压应力很大，结果使轧件边部出现波浪。在试件（b）上，边部宽度稍大，这时的纵向压应力不足以使试件边部产生波浪，中部是纵向拉应力也不足以使轧件产生断裂。在试件（c）上由于中部断面积甚小，纵向拉应力很大，致使试件产生断裂。

2）梯形铅试件按图 4－15 折叠成矩形形状，然后轧成 0. 15 ～0. 2mm 厚，观察Ⅰ、Ⅱ、Ⅲ区域上的变形现象。

3）尺寸为 0. 5mm ×75mm ×100mm 的铅试件，在其上表面中间上一层粉笔灰，然后轧成 0. 3 ～0. 2mm 厚，观察其变形现象。

（3）实验操作。

1）将轧机辊面擦拭干净。

2）按要求调节轧机辊缝，只轧一道。切记不可用手直接送试样，应用木棒或其他辅助工具完成试样的咬入。

3）观察、记录各试样轧后变形情况。

4）清洁轧辊表面及轧机周围。

梯形试件变形如图 4－15 所示。

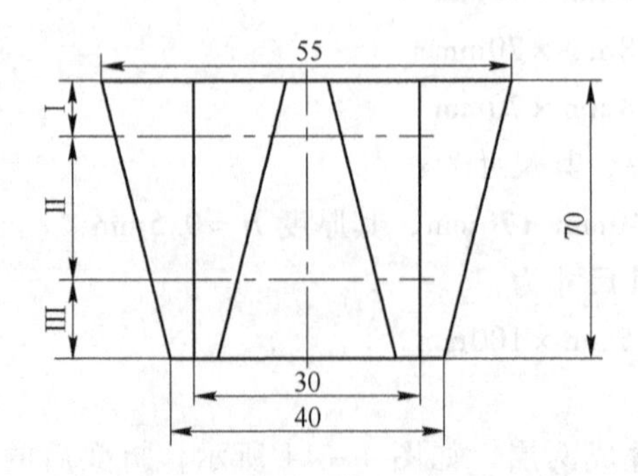

图 4－15　梯形试件变形图

4.7.4.2　轧件断面内的不均匀压缩变形

在轧件加热不均匀时，由于断面上各层变形抗力不同，会产生各层的不均匀压缩变形。此外，沿接触表面摩擦力不同，断面上各部分化学成分和金属组织不均匀（如双金属片），也是导致断面上各层不均匀压缩的原因。由于加热不均匀在实验室条件下不易做到，用人工的办法得到塑性不同的金属层来模拟由于加热均匀的现象。

取尺寸为 0.5mm ×48mm ×70mm 铅试件一块和 0.2mm ×10mm ×90mm 铝片一块，把铝片包在铅试件内，以 2 ~3 道轧成 1.2mm 厚，然后剥开铅试件，观察、记录下铝片形状。

4.7.5　工作任务单

学生依据实验手册的要求及操作步骤，在教师的指导下完成本工作任务，并填写任务单。

工作任务单

<table>
<tr><td rowspan="2">任务名称</td><td rowspan="2">轧制过程不均匀变形现象分析</td><td>姓名</td><td></td><td>班级</td><td></td></tr>
<tr><td>小组成员</td><td colspan="3"></td></tr>
<tr><td>具体任务</td><td colspan="5">观察分析变形前物体形状和断面性质不均匀对变形及应力分布不均匀的影响。</td></tr>
<tr><td colspan="6">一、知识要点
1. 均匀变形的特性标志。

2. 引起不均匀变形的原因。

3. 不均匀变形的后果。

</td></tr>
</table>

任务名称	轧制过程不均匀变形现象分析	姓名		班级	
		小组成员			

二、实验记录

记录实验过程及实验中观察到的不均匀变形现象，画出各种试件轧后的形状示意图。

三、训练与思考

分别讨论各试件产生不均匀变形的原因。

四、检查与评估

1. 检查实验完成情况；
2. 根据实验过程中的自我表现，对自己的工作情况进行自我评估，并总结改进意见；
3. 教师对小组工作情况进行评估，并进行点评；
4. 教师、各小组、学生个人对本次的评价给出量化。

考核项目	评分标准	分数	学生自评	小组评价	教师评价	备注
安全生产	有无安全隐患	10				
活动情况	积极主动	5				
团队协作	和谐愉快	5				
现场5S	做到	10				
劳动纪律	严格遵守	5				
工量具使用	规范、标准	10				
操作过程	规范、正确	50				
实验报告书写	认真、规范	5				
总　分						

教师签名： 年　月　日	总　评	

项目任务单

项目名称： 塑性变形基本定律和不均匀变形现象	姓名		班级	
	日期		页数	共________页

一、填空

1. 基本应力是由________所引起的应力。
2. 残余应力是变形结束后仍然残留在变形金属内部的________。
3. 工作应力又称实际应力，它等于基本应力与附加应力的________。
4. 金属压力加工过程中，除________________外，金属在变形前后的体积不变，为常数。
5. 附加应力是由于物体各部分的不均匀变形受到物体________的限制，而在物体内部引起的相互平衡的应力。
6. 当变形体的质点有可能沿不同方向移动时，则每一质点将沿阻力________的方向流动。
7. 镦粗任何形状的工件，只要变形量足够大，其横截面最终都将变成________形截面。

二、判断

（　）1. 除铸态金属初期加工外，金属在变形前、后及变形过程中，体积都不变。

（　）2. 当变形体的质点有可能沿不同方向移动时，每一质点都将沿截面周边的最短法线方向移动。

（　）3. 金属在经模孔拉拔后，就可以不用力再穿过该模孔。

（　）4. 在单位摩擦力均匀分布的情况下，阻力最小的方向也是到周边法线距离最短的方向，因此，最小阻力定律也称为最短法线法则。

（　）5. 当 $\sigma_1 < \sigma_s$ 时，金属不能产生塑性变形。

（　）6. 压力加工中均匀变形只是相对的，不均匀变形是绝对的。

（　）7. 金属在变形前、后体积不变。

（　）8. 轧后高度等于板带轧机上下辊的辊缝值或型钢轧机的孔型高度。

（　）9. 单向拉伸时，若 $\sigma_1 < \sigma_s$ 不能产生塑性变形。

三、选择

1. 板带材轧制时若工作辊缝为凸形，可能会产生（　　）。
   A. 中浪　　B. 单边浪　　C. 双边浪
2. 板带材轧制时若工作辊缝为凹形，可能会产生（　　）。
   A. 中浪　　B. 单边浪　　C. 双边浪
3. 板带材轧制时若工作辊缝为楔形，可能会产生（　　）。
   A. 中浪　　B. 单边浪　　C. 双边浪
4. 高轧件的双鼓变形是由于（　　）形成的。
   A. 压下率过大　　B. 压下率过小　　C. 宽展量过大

四、简答

金属压力加工中，不均匀变形有哪些不良后果？

<table>
<tr><td rowspan="2">项目名称：
塑性变形基本定律和不均匀变形现象</td><td>姓名</td><td></td><td>班级</td><td></td></tr>
<tr><td>日期</td><td></td><td>页数</td><td>共________页</td></tr>
<tr><td colspan="5">五、计算
某热轧带钢厂生产卷重为22t、横断面尺寸为3.2mm×1250mm的带钢卷，已知采用的板坯宽度为1200mm，厚度为220mm；生产过程中加热炉烧损为1%，不考虑切损，求需要的原料长度是多少？（坯料和钢板的密度取7.85g/cm³，保留一位小数）

六、分析
根据最小阻力定律画图分析轧制变形区金属质点的流动情况，并说明轧制时为什么延伸大于宽展。</td></tr>
<tr><td>检查情况</td><td></td><td>教师签名</td><td></td><td>完成时间</td></tr>
</table>

项目5　金属的塑性及变形抗力

【项目提出】

金属之所以可以通过压力加工改变其形状和尺寸，正是因为金属具有良好塑性这一特点。同时，金属在塑性变形时对变形又有抵抗能力。提高金属塑性、降低变形抗力在压力加工过程中具有非常重要的现实意义。了解和掌握金属的塑性和变形抗力，就可在压力加工时选择合适的变形方法、确定最好的变形温度－速度条件，使塑性差、变形抗力大的难变形金属也能顺利实现成型过程。

【知识目标】

（1）掌握塑性的概念、表示方法和影响塑性因素，以便利用合理的变形条件与应力状态提高塑性。

（2）掌握变形抗力的概念、影响变形抗力的因素，以便采取合理措施降低变形抗力。

【能力目标】

（1）能识别塑性、柔软性和变形抗力。

（2）能分析影响塑性和变形抗力的因素。

（3）具有采取合理措施提高金属塑性、降低金属变形抗力的能力。

任务5.1　认知金属的塑性

5.1.1　金属的塑性及塑性指标

5.1.1.1　金属塑性的概念

塑性是指金属在外力作用下，能稳定地发生永久变形而不破坏其自身完整性的能力。金属塑性的大小，可以用金属在断裂前产生的最大变形程度来表示。它表示压力加工时金属塑性变形的限度，所以也称为塑性极限，一般通称塑性指标。塑性好的金属，可以产生很大的塑性变形而不破坏；塑性差的金属，即使变形量较小，也可能产生破坏。

金属的塑性和柔软性是两个完全不同的概念，不能混淆。柔软性是指金属的软硬程度，它反映的是金属变形的难易程度，它用变形抗力的大小来衡量。金属越“软”，金属的变形抗力越小，即只需较小的外力就可以使该金属产生塑性变形；金属越“硬”，金属的变形抗力就越大，则需要较大的外力才能使金属产生塑性变形。不应认为金属“软”或者说变形抗力小的金属塑性就好。

例如，奥氏体不锈钢1Cr18Ni9Ti，在冷加工时塑性就很好，可以采用较大的压下量，但是却要用很大外力才能使它产生变形，这就是说，这种钢冷状态下是比较硬的。又如，在高温条件下长时间加热，产生了过热或过烧的钢，在轧制时变形抗力很小，但塑性很差，很容易开裂。当然也有些金属塑性很高，变形抗力又小，如室温下的铅。由上可以看出，金属的塑性和柔软性之间不存在什么必然联系。

5.1.1.2 塑性指标

金属的塑性不仅与材料的性质有关，而且与外在变形条件有密切关系，同一金属或合金，由于变形条件不同，可能表现有不同的塑性，甚至由塑性物体变为脆性物体，或由脆性物体变为塑性物体。

为了正确选择变形条件，必须测定金属在不同变形条件下允许的极限变形量 - 塑性指标。由于变形力学状态对金属的塑性有很大影响，所以目前还没有一种实验方法能测出可以表示所有压力加工方式下金属塑性的指标。测定金属塑性的方法，最常用的有机械性能法和模拟法，但这些方法仅能表明金属在该变形过程中所具有的属性。

表示金属塑性的主要指标有：

（1）拉伸试验时的断后伸长率（A）和断面收缩率（Z）。这两个指标越高，说明材料的塑性越好。

（2）冲击试验时的冲击韧性值。冲击韧性值表示冲击试样在受冲击力作用时断裂前所消耗能量的大小，冲击韧性值越大，则材料的塑性越好。

（3）扭转试验时试件断裂前的扭转转数 n。它可以反映出材料受数值相等的拉应力和压应力同时作用时塑性的大小，n 越大，则材料的塑性越好。

（4）深冲试验产生裂纹时的压进深度 H。压进深度越大表示金属深冲时的塑性越好。

（5）镦粗、轧制试验时，用试件侧面出现第一条用肉眼能看到的裂纹时的相对变形量 ε 作为塑性指标，ε 越大，则材料的塑性越好。

$$\varepsilon = \frac{H-h}{H} \times 100\% \tag{5-1}$$

式中 H，h——试件的原始高度和压缩后的高度。

此外，还有扩口试验、压扁试验、弯曲试验等，均可测得相应的塑性指标。总之，可以根据不同的要求和目的而采用不同的方法，测得特定的变形力学条件下的塑性情况。

5.1.2 塑性图

塑性图是金属塑性指标随温度变化的曲线图。利用塑性图可在一定的变形条件下得到最好的加工温度范围，还可分别确定自由锻造和轧制时的许用最大变形量。

图5-1所示为热加工温度范围内高速钢（W18Cr4V）的塑性图，其塑性指标有断后伸长率 A 及断面收缩率 Z、冲击韧性 a_k、抗拉强度 R_m 随温度的变化曲线作为参考。由图5-1可见，该钢种在950~1200℃温度范围内具有最大的塑性，根据此图可将加工前的钢锭加热温度定为1230℃，超过此温度钢坯可能产生轴向裂纹和断裂；变形终了温度不应低于900℃，因为在较低温度下钢的强度极限显著增大。

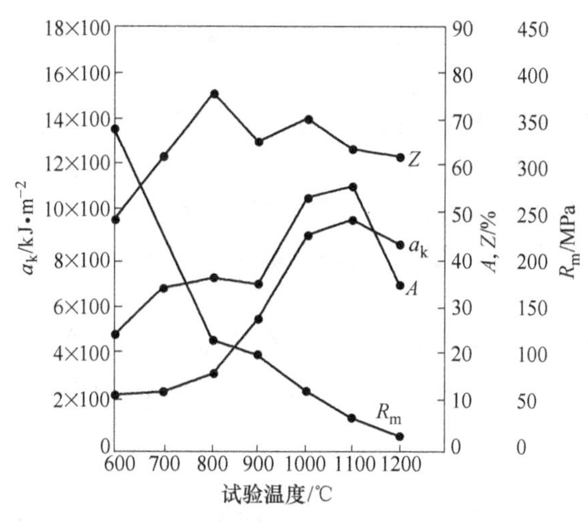

图 5-1 W18Cr4V 高速钢的塑性图

应当指出，在确定变形制度时，除了塑性图之外，还需要配合引用合金状态图，再结晶图以及必要的显微检查，这样才能确定出最适当的变形温度和最大变形量。

5.1.3 影响塑性的因素

影响金属塑性的因素很多，大致可以分为三个方面：金属本身的自然性质、变形温度-速度条件、变形力学条件。

5.1.3.1 金属自然性质对塑性的影响

A 化学成分的影响

金属的塑性直接决定于它的化学成分。纯金属的塑性最好，若其中有另外的元素，则取决于它们在钢中所处的状态。若是固溶体状态，它也具有良好的塑性；若是化合物，则塑性较差。

a 碳

碳素钢中碳的含量越高，塑性越差，其热加工的温度范围越窄。实践表明，含碳量小于1.4%的铸态碳钢，可以很好地接受锻造和轧制；随着含碳量进一步提高，由于析出脆性较大的自由渗碳体甚至出现莱氏体，使塑性降低。

b 硫

硫在钢中是有害元素。在固态下，硫在钢中的溶解度极小，以 FeS 的形态存在于钢中。FeS 与 Fe 可形成低熔点的共晶体（熔点只有 985℃），并分布于奥氏体晶界处。当钢加热到 1100～1200℃进行热加工时，晶界上的共晶体已熔化，晶粒间结合被破坏，使钢变得极脆，在加工过程中沿晶界开裂，这种现象称为热脆。

c 锰

在钢中增加含锰量，可消除硫的有害作用。因为锰与硫的亲和力比铁与硫的亲和力大，锰与硫优先形成高熔点的 MnS(1620℃)，并呈粒状分布在晶粒内，而且 MnS 在高温下具有一定的塑性，从而可避免热脆现象，使钢的塑性提高。

但锰钢对过热的敏感性强，在加热过程中晶粒容易粗大，使塑性降低。奥氏体锰钢的导热性低、膨胀系数大，故大断面高锰钢当加热速度过快时，可能出现内裂。

d　磷

磷在钢中也是有害元素。温度较高时，钢中的磷能全部固溶于铁素体中（高温时溶于奥氏体中），对钢的塑性危害不大。但它在温度较低极易产生偏析，形成 Fe_3P，使钢的强度、硬度提高，塑性、韧性显著降低。当钢的含磷量增加时，磷还能使钢脆性转变温度急剧升高，致使钢在室温或低温时变脆，这种现象称为冷脆。

e　铜

钢中含铜量达到0.15% ~0.30%时，便会在热加工时在钢的表面产生龟裂。为了提高含铜钢的塑性，关键在于防止表面氧化，因此，应尽量缩短在高温下的加热时间，适当降低加热温度。

f　硼

在钢锭中，含硼量在0.01%以下时有较好的塑性；当含硼量提高到0.02%以上时，则塑性降低。但对于某些高温合金，加入微量的硼，会使塑性提高。

g　铅、锡、砷、锑、铋

这五种低熔点元素在钢中的溶解度都很小，化学活性又较差，一般不与其他元素形成化合物，在钢中以低熔点共晶体的形式分布在晶粒界面，加热时熔化，从而使金属失去塑性，在高温合金中它们的影响特别严重，被称为“五害”。

h　氧、氮、氢

它们是钢中常见的气体元素，而且都使钢的塑性降低。

氧在钢中固溶量很少，主要是以 FeO、Al_2O_3、SiO_2 等氧化物夹杂形式存在，杂乱零散地分布在晶界上。氧不论是形成固溶体或是夹杂物，都使塑性降低，尤其以夹杂形式存在时更为严重。

钢中的氮能以固溶、化合物和气体形式存在于钢中。当含氮量较高的低碳钢自高温较快冷却时（如热轧后空冷），过剩的氮由于来不及析出而溶于铁素体中。随后在200 ~250℃加热时，将会发生氮化物的析出，使钢的强度、硬度上升，塑性、韧性大大降低，这种现象称为时效脆性。由于它发生在钢表面有蓝色氧化膜的温度范围，因此又称为蓝脆。钢中的含氮量越高，钢的时效倾向越大。

氢对热加工时钢的塑性没有明显影响。但含氢量较多、热加工后冷却较快时，钢中因溶解度降低而析出的氢在钢中微观缺陷处（孔隙或非金属夹杂物附近）形成分子态氢时，在金属内部形成高压，再加上应力集中的作用，就很容易造成内部显微裂纹（氢脆），因这种裂纹的内壁呈银白色，所以这种缺陷又称为白点。

i　稀土元素

钢中加入适量稀土元素，可降低钢中气体含量，并与有害杂质铅、锡、铋等形成高熔点的化合物，从而消除这些杂质的有害作用；稀土元素还可使含硫量降低，从而使塑性提高。此外，稀土元素还可细化晶粒。当加入量过多时，多余的稀土元素会聚集在晶界中起不良作用。

B　组织状态的影响

单相组织比多相组织的塑性要好，因为多相组织中各相的力学性能不一致，在变形时互相受到阻碍，引起内应力升高，从而降低金属的塑性。具有少量第二相的钢塑性较好，若第二相含量较多时，塑性大为降低。当变形金属中出现液相时，可能使金属成为脆性。

晶粒细小的金属塑性较高，随晶粒增大，塑性将降低。晶粒越细，单位体积内的晶粒数目越多，塑性变形时位向有利于滑移的晶粒也越多，故变形能较均匀地分散到各个晶粒中。另外，晶粒越细，强度越高，对破坏的抵抗能力越强，能发生较大塑性变形而不破坏。

化合物杂质呈片状、网状分布在晶界上时，破坏了晶粒的完整性，导致塑性降低。铸造组织的金属由于晶粒粗大，柱状晶存在方向性，化学成分偏析及夹杂物分布不均匀等原因，导致塑性较低。

5.1.3.2 变形温度－速度条件对塑性的影响

A 变形温度的影响

温度是影响塑性的最主要的因素之一。随变形温度升高，塑性一般增加。因为随着温度升高，原子的热运动能量增大，可能出现新的滑移系统，并给各种扩散型的塑性变形机构同时作用创造了条件，使塑性变形容易进行；同时随温度的升高，有利于回复和再结晶过程的发生，从而使塑性变形过程中产生的破坏或缺陷修复的可能性增加。

塑性随温度升高而增大的上述情况只在一定条件下才是正确的，因为随温度变化，金属本身的组织状态也发生变化，必将引起塑性的变化。现以温度对碳素钢塑性的影响的一般规律作典型曲线，分析如下：

图 5－2 所示为碳素钢的塑性和温度的关系曲线。曲线中用Ⅰ、Ⅱ、Ⅲ、Ⅳ表示塑性降低区（凹谷），用 1、2、3 表示塑性增高区（凸峰）。由图 5－2 可以看出，碳素钢冷加工最有利的温度范围是 100～200℃，在热状态下加工最有利的温度范围是 1000～1250℃。

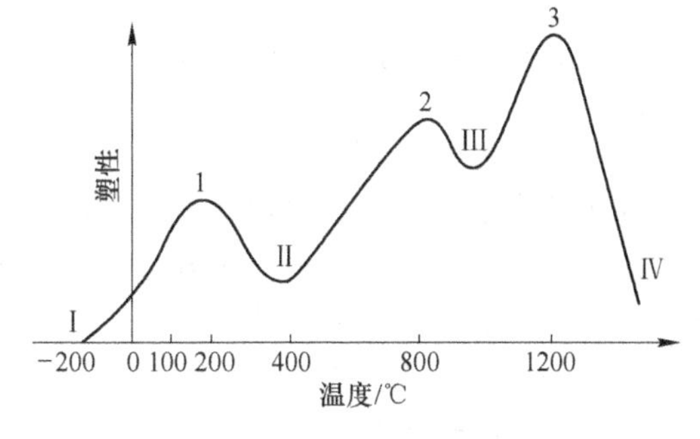

图 5－2 碳素钢的塑性和温度的关系曲线

a 低塑性区域

区域Ⅰ：－200℃时，塑性几乎完全消失。这是由于原子的热运动能量极低所致。也有人认为，低温脆性的出现，与晶粒边界某些组织的组成物随温度降低而脆化有关。如含磷高于 0.08% 或含砷高于 0.3% 的钢轨，在零下 40～60℃已经变成脆性。

区域Ⅱ：位于 200～400℃，此区域称为蓝脆区。其产生原因不确切，一般认为某些夹杂物析出渗入晶界，使金属塑性降低。

区域Ⅲ：位于 800～950℃，称为热脆区。一般碳素钢在此温度范围产生相变，形成铁素体和奥氏体两相共存，导致变形产生不均匀，出现附加拉应力，使塑性变差。也有人认为，此塑性降低区出现是由于硫的影响。

区域Ⅳ：接近于金属的熔化温度，此时晶粒迅速长大，晶间强度逐渐削弱，当继续加热时可能产生过热或过烧现象。

b 高塑性区域

区域 1：位于 100～200℃的范围，在此区域内塑性升高是由于温度升高原子动能增加的缘故。

区域2：位于700~800℃的范围，有再结晶和扩散过程发生，因此塑性升高。

区域3：位于950~1250℃的范围，相变结束，组织为均匀、单一的奥氏体，塑性升高。

B 变形速度的影响

变形速度对塑性影响是比较复杂的。一般认为，当变形速度不大时，随变形速度升高塑性降低；而在变形速度较大时，随变形速度升高塑性增加，如图5-3所示。

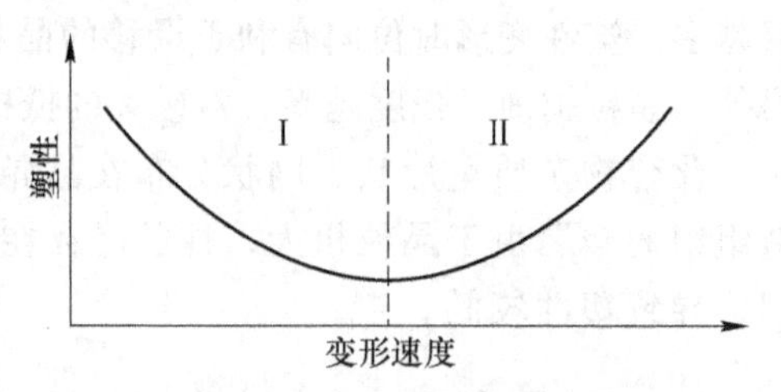

图5-3 变形速度对塑性的影响

塑性随变形速度增高而降低（Ⅰ区），可能是由于加工硬化及位错受阻而形成内裂所致。在此阶段虽然由于热效应可能促进软化过程进行，但在变形过程中，加工硬化发生的速度仍然超过软化进行的速度。塑性随变形速度的增高而提高（Ⅱ区），可能是由于热效应引起变形金属温度升高，使硬化得到消除，在此阶段，金属的软化过程比加工硬化过程进行得要快，如爆炸成型。在爆炸成型时，塑性变形是在极短的时间（0.001s）内产生的，变形速度非常高，可以使一般不易成型的金属（如钛和耐热合金），得到良好的加工成型，使金属的塑性大为提高。

上述曲线只是定性说明塑性和变形速度之间的关系，并且只适合于那些没有脆性转变的钢或合金。

5.1.3.3 变形力学条件对塑性的影响

A 应力状态的影响

应力状态的种类对金属塑性有很大影响。金属在塑性变形时，受拉应力成分越少，压应力成分越多，则金属的塑性越好。因为金属受拉应力作用时，内部缺陷会扩大；而受压力作用时，有利于金属内部缺陷的压合、修复，并使金属组织致密。因此，三向压应力状态的塑性最好，两压一拉次之，两拉一压再次之，三向拉应力状态的塑性最差。

B 变形图示的影响

压缩变形使内部缺陷的尺寸减小而有利于塑性的发挥，延伸变形促使内部缺陷的尺寸扩大而有损于塑性，所以主变形图中压缩分量越多，对于充分发挥金属的塑性就越有利。按此原则可将主变形图排列为：两向压缩一向延伸的主要变形图的塑性最好，一向压缩一向延伸者次之，两向延伸一向压缩的主变形图的塑性最差。

5.1.3.4 其他因素对塑性的影响

A 不连续变形的影响

热变形时，在不连续变形（或多次变形）的情况下，可以提高金属的塑性。这是由于不连续变形条件下，每次变形量小，产生的应力小，不宜超过金属的塑性极限，同时，在各次变形的间隙时间内，可以发生软化过程，使塑性可在一定程度上得以恢复；另外，经过变形的铸态金属，由于改善了组织结构，提高致密度，也使塑性得到了提高。

B 尺寸（体积）因素的影响

一般在研究金属塑性时，都采用小的试验铸锭或试件，但在实际生产中所用铸锭或坯料要大得多。因此，必须了解变形体的大小，即尺寸因素的影响。实验证明，随着物体体积的增大，塑性有所降低，但降到一定程度后，体积再增大，其影响减小，从某一临界值开始，体积对塑性的影响停止，如图 5－4 所示。

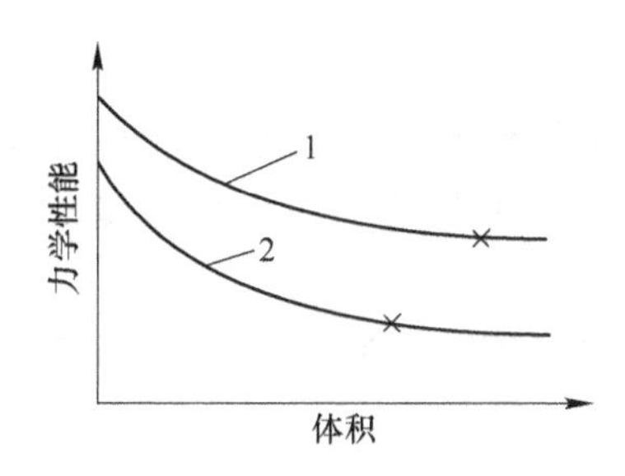

图 5－4　体积对塑性的影响

1—塑性；2—变形抗力；×—临界体积点

5.1.4　提高塑性的主要途径

为提高金属的塑性，必须设法增加对塑性有利的因素，同时减少或避免不利因素。归纳起来，提高塑性的主要途径有以下几方面：

（1）控制金属的化学成分。即将对塑性有害的元素降到最下限，加入适量有利于塑性提高的元素。

（2）控制金属的组织结构。尽可能在单相区内进行压力加工，采取适当工艺措施，使组织结构均匀，形成细小晶粒，对铸态组织的成分偏析、组织不均匀应采用合适的工艺来加以改善。

（3）选择适当的变形温度－速度条件。其原则是使塑性变形在高塑性区内进行，对热加工来说，应保证在加工过程中再结晶得以充分进行。当然，对某些特殊的加工过程，如控制轧制，有的就要延迟再结晶的进行。

（4）选择合适的变形力学状态。在生产过程中，对某些塑性较低的金属，应选用具有强烈三向压应力状态的加工方式，并限制附加拉应力的出现。

（5）避免加热和加工时周围介质的不良影响。

任务 5.2　认知金属的变形抗力

5.2.1　变形抗力及衡量指标

金属或合金抵抗变形的能力称为变形抗力，有的也称为变形阻力。衡量变形抗力大小的力学指标主要有：

（1）静变形抗力：以单向拉伸时的屈服极限值（σ_s）表示变形抗力指标。

（2）暂时变形抗力：不同温度下的变形抗力指标。

（3）动变形抗力：不同变形速度下的变形抗力指标。

（4）真实变形抗力（真实应力）：一定的变形温度、变形速度、变形程度下的变形抗力指标。

5.2.2　影响变形抗力的因素

5.2.2.1　化学成分对变形抗力的影响

A　碳及杂质元素的影响

碳能够固溶于铁而形成铁素体和奥氏体，但当碳的含量超过铁的溶碳能力时，多余的碳便与铁形成硬而脆的渗碳体，并且随着钢中含碳量增加，渗碳体数量增多，变形抗力增大。

磷及其他杂质元素能溶于铁素体中，使铁素体产生晶格畸变，变形抗力增大。

B　合金元素的影响

随钢中合金元素含量增加，变形抗力增大。

因为合金元素能溶于固溶体中，引起点阵畸变，使变形抗力增大；合金元素还能与碳形成细小分散的合金碳化物，起弥散强化作用，使钢的抗力显著提高；合金元素改变了钢中相的组成，造成多相组织，使变形抗力增大；合金元素一般都使再结晶温度增高，使再结晶速度下降，使加工强化速度大于再结晶软化速度，加工硬化不能完全被再结晶软化所抵消，所以变形抗力增大。

5.2.2.2　组织状态对变形抗力的影响

组织状态对变形抗力的影响主要体现在以下几个方面：

（1）单相组织（纯金属或固溶体）的变形抗力比多相组织的变形抗力低。因为多相组织中各相的性能不同，变形难易程度不同，不均匀变形严重，使变形抗力升高。

（2）细晶粒组织比粗晶粒组织的变形抗力高。晶粒越细小，金属的强度越高，变形越困难，变形抗力越高。

（3）钢锭经热变形后，晶粒细化，组织致密度增加，变形抗力增加。

（4）冷变形金属由于加工硬化，使金属的强度、硬度提高，变形困难，变形抗力增大。

5.2.2.3　变形温度对变形抗力的影响

一般来说，随变形温度的升高，金属变形抗力降低。但在某些温度区间，也有可能随着温度升高，变形抗力增大。

温度升高，变形抗力降低的原因主要有以下几方面：

（1）发生了回复与再结晶。回复使变形金属得到一定程度的软化，变形抗力有所降低；再结晶则完全消除了加工硬化，变形抗力显著降低。

（2）温度升高，原子动能增大，原子间接合力减弱，变形变得容易，变形抗力降低。

（3）温度升高，金属发生相变，由多相组织转变为单向组织，变形抗力降低。

（4）温度升高，金属原子扩散（扩散塑性）作用加强。

（5）随着温度升高，晶界滑动抗力显著降低，使晶间滑动易于进行。

5.2.2.4　变形速度对变形抗力的影响

在热变形时，通常是随变形速度提高，金属的变形抗力增大。因为当变形速度增加时，金属的再结晶软化过程来不及完成，加工硬化现象来不及消除，因此变形抗力增加。

在冷变形时，金属要发生加工硬化现象，没有结晶软化过程，因此，尽管变形速度增加，对金属变形抗力的影响并不明显。这一点对带钢高速冷轧十分重要。

5.2.2.5　变形程度对变形抗力的影响

热加工时，由于同时存在加工硬化和再结晶软化，所以除因热加工后组织细化使变形抗力有所增加外，变形程度对变形抗力的影响并不显著。

冷加工时，由于变形温度低于再结晶温度，变形过程中产生的加工硬化不能得到消除，因此变形抗力随变形程度的增加而增大，如图 5－5 所示，图中各曲线是冷变形时变形抗力随变形程度增加而增加的关系曲线，称为加工硬化曲线。

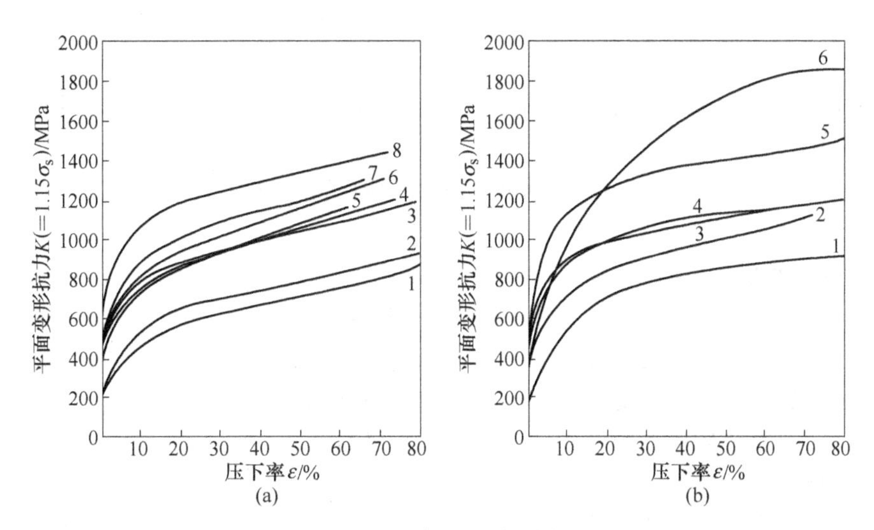

图 5－5　加工硬化曲线

（a）普碳钢

1—0.08% C；2—0.17% C；3—0.36% C；4—0.51% C；5—0.66% C；6—0.81% C；7—1.03% C；8—1.29% C

（b）合金钢

1—镍；2—铁素体不锈钢；3—1.8% Si 硅钢；4—2.7% Si 硅钢；5—80% Ni、20% Cr；6—奥氏体不锈钢

5.2.2.6　应力状态对变形抗力的影响

由理论分析可知，同号应力状态比异号应力状态的变形抗力大。

金属发生塑性变形的条件是最大切应力大于等于临界切应力，即：

$$\tau_{max} \geqslant \tau_k$$

由材料力学知：

$$\tau_{max} = \frac{\sigma_1 - \sigma_3}{2}$$

式中　σ_1——最大主应力；

σ_3——最小主应力。

显然，当 σ_1 与 σ_3 同号时的最大切应力要比 σ_1 与 σ_3 异号时的最大切应力小，要达到临界切应力 τ_k 并不容易，所以同号应力状态时变形比异号应力状态时困难，同号应力状态时变形抗力比异号应力状态的变形抗力大。

5.2.3　变形抗力的确定

要计算金属塑性变形过程中所需的外力，必须先知道变形抗力的大小。

5.2.3.1　热轧时变形抗力的确定

热轧时的变形抗力根据变形时的温度、平均变形速度、变形程度、由实验方法得到的变形抗力曲线来确定：

$$\sigma_s = C\sigma_{s30\%} \tag{5-2}$$

式中　$\sigma_{s30\%}$——变形程度 $\varepsilon=30\%$ 时的变形抗力；

C——与实际压下率有关的修正系数。

5.2.3.2　冷轧时变形抗力的确定

冷轧时的宽展量可忽略，其变形为平面变形，此时的变形抗力用平面变形抗力 K 来衡量，$K=1.15\sigma_s$。

冷轧时的平面变形抗力由各个钢种的加工硬化曲线，根据道次的平均总变形程度来查图确定。

平均总变形程度：

$$\bar{\varepsilon} = 0.4\varepsilon_H + 0.6\varepsilon_h \tag{5-3}$$

式中　$\bar{\varepsilon}$——该道次平均总变形程度；

ε_H——该道次轧前的总变形程度，$\varepsilon_H=(H_0-H)/H_0$；

ε_h——该道次轧后的总变形程度，$\varepsilon_h=(H_0-h)/H_0$；

H_0——退火后带坯厚度；

H，h——该道次轧前、轧后的轧件厚度。

5.2.3.3　技能训练实际案例

【案例1】 在某轧机上轧制的某道次，轧前厚度 $H=20\text{mm}$，轧后厚度 $h=16\text{mm}$，轧制温度 $t=1000℃$，平均变形速度为3/s，钢种为1Cr18Ni9Ti，变形抗力曲线如图5-6所示。计算该道次的变形抗力。

解：

$$\varepsilon = \frac{H-h}{H}\times 100\% = \frac{20-16}{20}\times 100\% = 20\%$$

根据已知条件由图5-6查得：$\sigma_{s30\%}\approx 180\text{MPa}$

由图5-6中修正曲线可以查知：当 $\varepsilon=20\%$ 时，$C=0.97$

故：$\sigma_s = C\sigma_{s30\%} = 0.97\times 130\approx 126\text{MPa}$

【案例2】 在四辊冷轧机上用3mm厚的退火带坯经四道轧制为0.4mm厚的带钢卷，钢种为含碳0.17%的低碳钢，其中第二道次轧前厚度为2.1mm，轧后厚度1.5mm。确定第二道的平均变形抗力。

解： 第二道次轧前的总变形程度：

$$\varepsilon_H = \frac{H_0-H}{H_0} = \frac{3-2.1}{3} = 30\%$$

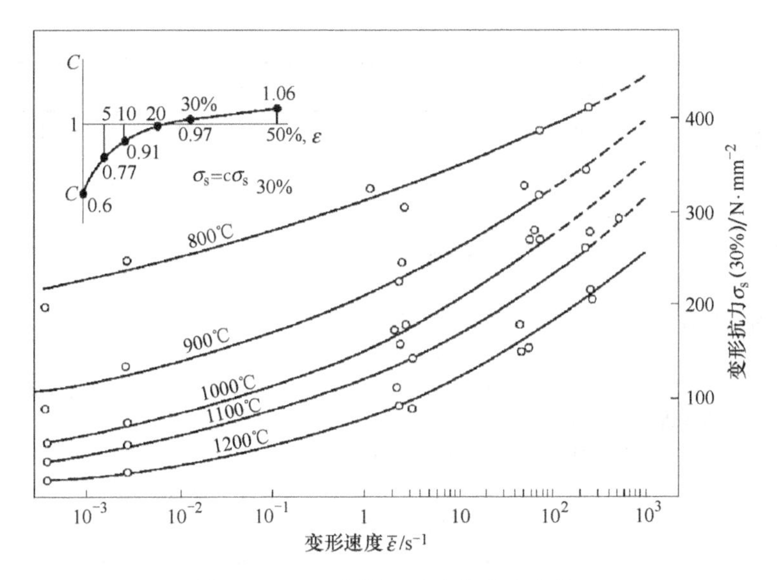

图 5－6 1Cr18Ni9Ti 的变形抗力曲线

第二道次轧后的总变形程度：

$$\varepsilon_h = \frac{H_0 - h}{H_0} = \frac{3 - 1.5}{3} = 50\%$$

故第二道的平均总变形程度为：

$$\bar{\varepsilon} = 0.4\varepsilon_H + 0.6\varepsilon_h = 0.4 \times 30\% + 0.6 \times 50\% = 42\%$$

由图 5－5 中的曲线 2 可以查得第二道的平均平面变形抗力为：$K \approx 760\text{MPa}$。

5.2.4 降低变形抗力的措施

变形抗力过大，不仅变形困难，使轧制过程难以顺利进行，而且增加了能量消耗，还降低了产品质量。因此在轧制过程中，必须采取一些措施来有效降低轧制压力。具体措施有：

(1) 合理选择变形温度和变形速度。同一种金属在不同的变形温度下，变形抗力是不一样的；在相同变形温度下，变形速度对变形抗力的影响也是不一样的。因此必须根据具体情况选择合理的变形温度－变形速度制度。

(2) 选择最有利的变形方式。在选择变形方式时，应尽量选择应力状态为异号的变形方式。

(3) 采用良好的润滑。金属塑性变形时，润滑起着改善金属流动、减少摩擦、降低变形抗力的重要作用，因此在轧制过程中，应尽可能采用润滑轧制。

(4) 减小接触面积。压力加工中采用小直径轧辊、分段模锻等措施，可使金属与工具的接触面积减小，外摩擦的作用降低，单位压力减小，变形抗力减小。

(5) 采用合理的工艺措施。采取合理的工艺措施也能有效降低变形抗力。如设计合理的工具形状，使金属具有良好的流动条件；改进操作方法，以改善变形的不均匀性；采用带张力轧制，以改变应力状态等。

项目任务单

<table>
<tr><td rowspan="2">项目名称：
金属的塑性及变形抗力</td><td>姓名</td><td></td><td>班级</td><td></td></tr>
<tr><td>日期</td><td></td><td>页数</td><td>共________页</td></tr>
</table>

一、填空

1. 一定温度下的变形抗力称为________________。
2. 塑性是金属发生________而不破坏其完整性的能力。
3. 不同变形速度下的变形抗力称为________。
4. 如用单向拉伸试验屈服强度来表示变形抗力，则称其为________。

二、判断

(　) 1. 用一个淬火钢球施加相同的压力分别去压两个金属块 A 和 B，如果 A 上的压痕比 B 的压痕大，则说明 A 的塑性比 B 的好。

(　) 2. 金属的超塑性是指断后伸长率大于 100% 的现象。

(　) 3. 金属的塑性取决于物体的天然性质，也取决于加工时的外部条件。

(　) 4. 金属材料软，说明其变形抗力小，塑性好。

(　) 5. 拉拔比挤压易于产生塑性变形，说明拉拔有利于塑性的发挥。

(　) 6. 热变形时由于没有加工硬化，故变形过程中屈服极限基本不变。

(　) 7. 碳钢的塑性总是随温度的升高而升高。

(　) 8. 同一材质的钢坯较钢锭的塑性好。

(　) 9. 剪切碳素钢钢板一般要避开 200 ~ 400℃ 温度区间。

三、选择

1. 根据碳钢的塑性图可知，碳素钢冷加工最有利的温度范围是（　　）。
   A. 200 ~ 400℃　　B. 100 ~ 200℃　　C. 常温 ~ 100℃
2. 金属处于两向压缩一向伸长变形时，金属的（　　）好。
   A. 韧性　　B. 强度　　C. 塑性
3. 硫在钢中将引起红脆。消除方法是往钢中加入足够量的（　　）。
   A. 硅　　B. 锰　　C. 氧
4. 根据碳钢的塑性图可知，碳素钢热加工最有利的温度范围是（　　）。
   A. 200 ~ 400℃　　B. 700 ~ 800℃　　C. 1000 ~ 1250℃
5. 金属处于三向压应力状态时，金属的（　　）好。
   A. 韧性　　B. 强度　　C. 塑性
6. 在钢中易引起红脆现象的是（　　）。
   A. 硫　　B. 氢　　C. 磷
7. 在钢中易引起白点现象的是（　　）。
   A. 硫　　B. 氢　　C. 磷
8. 碳钢在 800 ~ 950℃ 的温度范围内将出现（　　）。
   A. 热脆　　B. 蓝脆　　C. 氢脆
9. 退火原料厚度 $H_0 = 2\text{mm}$，在冷轧时第一道轧后厚度为 $h_1 = 1.5\text{mm}$，第二道次轧后厚度为 $h_2 = 1.1\text{mm}$。则第二道次的平均累积变形程度约为（　　）。
   A. 37%　　B. 22%　　C. 26%

四、简答

表示金属塑性的指标主要有哪些？

检查情况		教师签名		完成时间	

项目6　开始塑性变形的条件

【项目提出】

要改变金属的形状和尺寸，得到所需产品，金属只发生弹性变形是不行的。那么，金属何时开始塑性变形呢？大家可能知道简单应力状态下金属开始发生塑性变形的条件，比如单向拉伸时，若最大主应力 σ_1 达到屈服极限 σ_s 时，金属便开始发生塑性变形；薄壁管扭转时，切应力达到屈服切应力τ_s时，便开始发生塑性变形；而实际情况下，应力状态往往比较复杂，那么，在复杂应力状态下，主应力与屈服极限又该满足什么条件，金属才发生塑性变形呢？要使金属发生塑性变形究竟要加多大的外力呢？本项目主要就是为了解决这些问题而设置的。

【知识目标】

(1) 了解最大切应力理论和形变能定值理论。

(2) 掌握 Tresca 和 Mises 屈服条件。

【能力目标】

(1) 会描述 Tresca 和 Mises 屈服条件。

(2) 能用 Tresca 和 Mises 屈服条件来判断金属是否发生塑性变形。

(3) 会计算金属发生塑性变形所需的外力。

任务6.1　认知极限应力状态和塑性方程

6.1.1　极限应力状态和塑性方程

金属开始塑性变形的条件又称屈服条件，它是指在载荷作用下，物体内某一点开始产生塑性变形时，应力所必须满足的条件。

金属是否发生屈服主要取决于金属力学性能和其所受应力状态。前者是金属屈服的内因，后者是金属屈服的外部条件。同一金属在相同条件（变形温度、变形速度、变形程度）下，其是否屈服就只取决于其上所受的应力状态。金属开始屈服（塑性变形）时的应力状态就称为极限应力状态。

屈服条件就是要研究金属由弹性变形转变为塑性变形时的极限应力状态，特别是复杂应力状态下，塑变形即将开始时，主应力与屈服极限之间的关系。这个关系如果用数学方程式来表示，就称之为塑性方程式。如单向拉伸时，若最大主应力 σ_1 达到屈服极限 σ_s 时，金属便开始发生塑性变形；薄壁管扭转时，切应力τ达到屈服切应力τ_s时，便开始发生塑性变形。此即单向拉伸和薄壁管扭转的极限应力状态，如用数学方程式表示出来就是 $\sigma_1=\sigma_s$、$\tau=\tau_s$，这就是塑性方程式。

6.1.2　基本假设

复杂应力状态下，塑性方程工是很复杂的。为了找到尽量简单且实用的塑性方程，常对实际材料金属作如下假设：

（1）材料是均匀连续的，且是初始各向同性的。

（2）体积变化是弹性的，塑性变形部分体积不变。

（3）静水压力不影响屈服应力，也不引起塑性变形，只引起体积弹性改变。

（4）不考虑时间因素的影响（忽略蠕变和松弛效应）。

（5）材料的拉压屈服应力相等，不考虑包辛格效应。

包辛格效应是指金属已加载到塑变阶段后卸载，再反向加载时，发生屈服极限降低的现象，如图6－1所示。

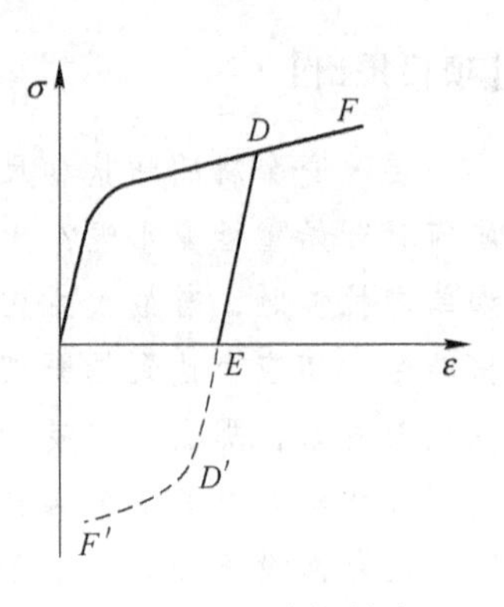

图6－1　包辛格效应

在图6－1中，先将金属拉伸变形到 D 点，再卸载到 E 点，然后再同向拉伸，在 D 点附近金属就屈服，应力－应变曲线为 EDF；如果卸载到 E 点后反向压缩，金属将在 D' 点附近屈服，应力－应变曲线为 $ED'F'$。如果 $\sigma_{D'}<\sigma_D$，这种现象就是包辛格效应。

6.1.3　简化后的材料模型

金属材料在作了上述假设后，问题仍然非常复杂，因为应力－应变是非线性的、非单值的，如图6－2所示。所以在具体计算时，对材料的应力－应变还要作出简化。

图6－2　实际金属材料的应力－应变关系曲线

按弹性变形阶段简化：

理想弹性材料——弹性变形时，应力和应变呈线性关系。

理想刚性材料——塑性变形前，不发生弹性变形的材料。

按塑性变形阶段简化：

理想塑性材料——塑性变形时，不产生硬化的材料。

变形硬化材料——塑性变形时，要产生硬化的材料。

四种基本材料按弹性变形和塑性变形两个阶段分别组合，如图6－3所示，可以得到四种简化后的材料模型，即理想弹塑性材料、弹塑性硬化材料、理想刚塑性材料、刚塑性硬化材料，其应力－应变关系曲线如图6－4所示。

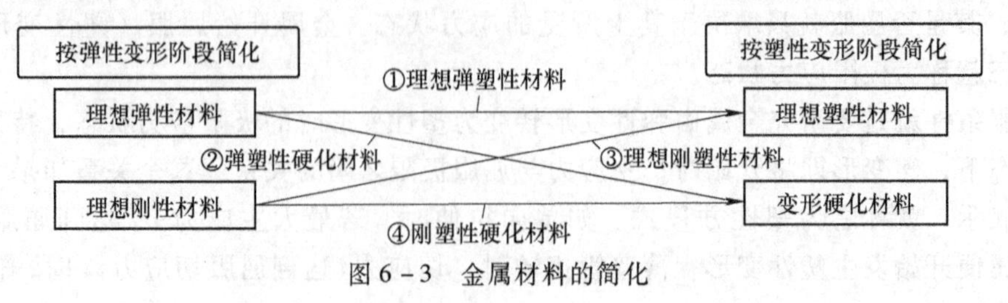

图6－3　金属材料的简化

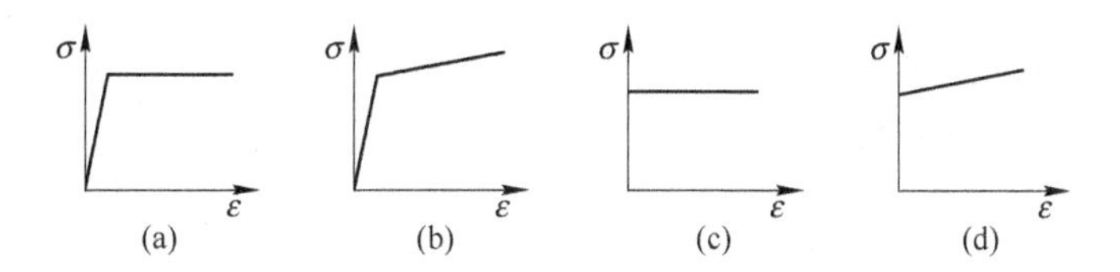

图6－4　简化后材料的应力－应变关系曲线
（a）理想弹塑性材料；（b）弹塑性硬化材料；（c）理想刚塑性材料；（d）刚塑性硬化材料

任务6.2　了解 Tresca 屈服条件

6.2.1　最大切应力理论

在有明显屈服效应的试样上，可观察到屈服时与主应力方向成45°的滑移线，于是 Tresca 认为塑性变形的开始与τ_{max}有关，并提出了最大切应力理论。

最大切应力理论的内容：当作用于变形金属上的最大切应力达到某个极限值时，便发生屈服，此极限值与应力状态无关。

6.2.2　Tresca 屈服条件

按照最大切应力理论，可将屈服条件写成：

$$\tau_{max}=k \tag{6-1}$$

根据材料力学分析知：

$$\tau_{max}=\frac{\sigma_1-\sigma_3}{2}$$

因此，可将 Tresca 屈服条件表示为

$$\tau_{max}=\frac{\sigma_1-\sigma_3}{2}=k \tag{6-2}$$

根据最大切应力理论知，切应力极限值 k 与应力状态无关，故可由单向应力状态来确定。单向拉应力状态下，$\sigma_2=\sigma_3=0$ 且当 $\sigma_1=\sigma_s$ 时材料屈服，则：

$$\tau_{max}=\frac{\sigma_1-\sigma_3}{2}=\frac{\sigma_1}{2}=\frac{\sigma_s}{2} \tag{6-3}$$

由式（6－2）和式（6－3）得，切应力极值：

$$k=\frac{\sigma_s}{2} \tag{6-4}$$

由式（6－2）和式（6－4）得，Tresca 屈服条件可表达为：

$$\sigma_1-\sigma_3=\sigma_s \tag{6-5}$$

6.2.3　技能训练实际案例

【案例1】镦粗45号圆钢，坯料横断面直径为 $D=50$mm，由外摩擦力引起的主应力 $\sigma_2=-98$MPa，$\sigma_s=313$MPa，若接触表面主应力均匀分布，按 Tresca 屈服条件计算开始塑

性变形时所需的压缩力。

解：圆柱体镦粗时，应力状态为（－－－）

由题意知，$\sigma_1 = \sigma_2 = -98\text{MPa}$

$$\sigma_3 = \frac{P}{\frac{\pi D^2}{4}}$$

由 Tresca 屈服条件 $\sigma_1 - \sigma_3 = \sigma_s$ 得：

$$\sigma_3 = \sigma_1 - \sigma_s = -98 - 313 = -411\text{MPa}$$

则：

$$P = \frac{\pi D^2}{4} \times \sigma_3 = \frac{3.14 \times 50^2}{4} \times 411 = 806587\text{N}$$

【案例2】 拉拔一工件，其应力状态为 －49MPa、－49MPa、147MPa，$\sigma_s = 196\text{MPa}$。根据 Tresca 屈服条件判断金属是否开始塑性变形。

解：由题意知　　$\sigma_1 = 196\text{MPa}$，$\sigma_2 = \sigma_3 = -49\text{MPa}$

则：　　$\sigma_1 - \sigma_3 = 147 - (-49) = 196 = \sigma_s$

屈服条件成立，所以金属开始塑性变形。

Tresca 屈服条件计算比较简单，但由于没有考虑中间主应力 σ_2 的影响，计算结果与实际有一定误差。

任务6.3　了解 Mises 屈服条件

6.3.1　形变能定值理论

6.3.1.1　形变能定值理论的内容

形变能定值理论：物体体积发生弹性变化的单位形变能积累到一定限度时，便开始塑性变形，而这一限度值与应力状态无关。

6.3.1.2　物体的形变能

由材料力学知，仅有一个应力 σ 作用并在其作用方向产生的弹性变形为 ε 时，单位体积内的弹性能为：

$$U_x = \frac{1}{2}\varepsilon\sigma = \frac{\sigma_s^2}{2E} \tag{6-6}$$

式中　E——材料的弹性模数。

在体应力作用下的单位弹性变形能为：

$$U_T = \frac{1}{2}(\varepsilon_1\sigma_1 + \varepsilon_2\sigma_2 + \varepsilon_3\sigma_3) \tag{6-7}$$

根据广交虎克定律：

$$\varepsilon_1 = \frac{1}{E}[\sigma_1 - \gamma(\sigma_2 + \sigma_3)] \tag{6-8}$$

$$\varepsilon_2 = \frac{1}{E}[\sigma_2 - \gamma(\sigma_3 + \sigma_1)] \tag{6-9}$$

$$\varepsilon_3 = \frac{1}{E}[\sigma_3 - \gamma(\sigma_1 + \sigma_2)] \tag{6-10}$$

式中　γ——材料的波松系数，塑性变形时 $\gamma = 1/2$。

将式（6－8）、式（6－9）、式（6－10）代入式（6－7）中，经整理要得：

$$\begin{aligned} U_T &= \frac{1}{2E}[\sigma_1^2 + \sigma_2^2 + \sigma_3^2 - (\sigma_1\sigma_2 + \sigma_2\sigma_3 + \sigma_3\sigma_1)] \\ &= \frac{1}{4E}[(\sigma_1 - \sigma_2)^2 + (\sigma_2 - \sigma_3)^2 + (\sigma_3 - \sigma_1)^2] \end{aligned} \tag{6-11}$$

6.3.2 Mises 屈服条件

6.3.2.1 Mises 屈服条件表达式

根据形变能定值理论知，$U_T = U_x$。则由式（6－6）和式（6－11）得：

$$\frac{1}{\sqrt{2}}\sqrt{(\sigma_1 - \sigma_2)^2 + (\sigma_2 - \sigma_3)^2 + (\sigma_3 - \sigma_1)^2} = \sigma_s \tag{6-12}$$

6.3.2.2 Mises 屈服条件的简化式

假定 3 个主应力按代数值大小的顺序为：$\sigma_1 > \sigma_2 > \sigma_3$。

（1）当 $\sigma_2 = \sigma_1$ 时，Mises 屈服条件可简化为：

$$\sigma_1 - \sigma_3 = \sigma_s$$

（2）当 $\sigma_2 = \frac{\sigma_1 + \sigma_3}{2}$ 即平面变形时，Mises 屈服条件可简化为：

$$\sigma_1 - \sigma_3 = \frac{2}{\sqrt{3}}\sigma_s = 1.15\sigma_s$$

（3）当 $\sigma_2 = \sigma_3$ 时，Mises 屈服条件可简化为：

$$\sigma_1 - \sigma_3 = \sigma_s$$

一般情况下，将 Mises 屈服条件简化式写成：

$$\sigma_1 - \sigma_3 = m\sigma_s \tag{6-13}$$

式中　m——中间主应力影响系数。

当 $\sigma_2 = \sigma_1$ 或 $\sigma_2 = \sigma_3$ 时，$m = 1$；

当 $\sigma_2 = \frac{\sigma_1 + \sigma_3}{2}$ 即平面变形时，$m = 2/\sqrt{3} \approx 1.15$。

Mises 屈服条件相对 Tresca 屈服条件显得复杂，但是 Tresca 屈服条件没有考虑中间主应力的影响，计算结果也不如 Mises 屈服条件准确；Mises 屈服条件考虑了中间主应力的影响，且使用时无需预知 3 个主应力的顺序。

6.3.3 技能训练实际案例

如图 6－5 所示，一个尺寸内径为 a 外径为 b、两端封闭的圆柱形薄壁管内受均匀内压 p 的作用，试求屈服时的内压力 p。

解析过程：

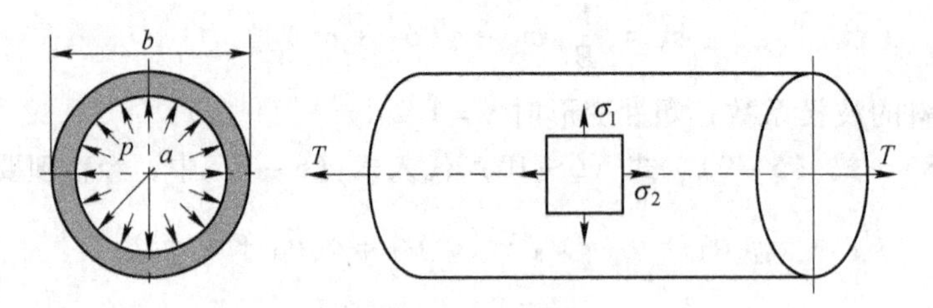

图 6－5　案例习题

（1）首先确定应力状态及各主应力值。

经分析，管壁上任意一点主应力状态为两向拉应力状态（＋＋0）

1）切向应力的确定：

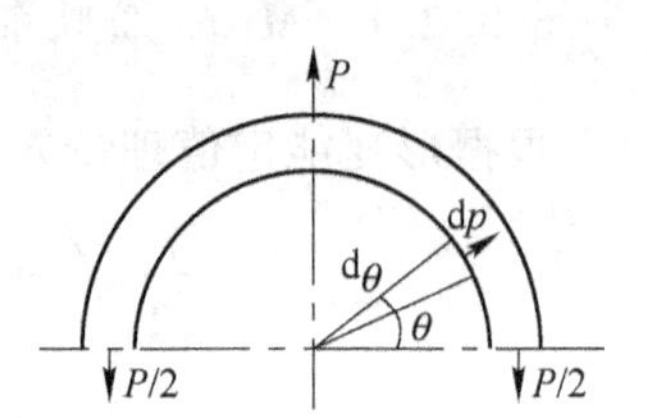

如右图所示，管壁上任一微小面积上所受压力的合力为：

$$dp = \frac{a}{2} \cdot d\theta \cdot p = \frac{pa}{2} d\theta$$

其垂直分量为：

$$dp' = dp\sin\left(\theta + \frac{d\theta}{2}\right) \approx dp\sin\theta = \frac{pa}{2}\sin\theta d\theta$$

合力为：

$$P = 2\int_0^{\frac{\pi}{2}} \frac{pa}{2}\sin\theta d\theta = pa$$

切线方向的应力为：

$$\sigma_{切} = \frac{pa}{b-a}$$

2）轴向应力的确定：

由内压力 p 作用在两端面上的力为 T，$T = \frac{\pi a^2}{4}p$

$$\sigma_{轴} = \frac{\frac{\pi a^2}{4}p}{\frac{\pi}{4}(b^2 - a^2)} = \frac{a^2 p}{(b-a)(b+a)}$$

因为是薄壁管，所以 $b + a \approx 2a \approx 2b$，则

$$\sigma_{轴} = \frac{a^2 p}{(b-a)(b+a)} \approx \frac{a^2 p}{2a(b-a)} = \frac{pa}{2(b-a)}$$

3）径向应力：

$$\sigma_{径} = 0$$

（2）按 Mises 屈服条件计算。

由上述分析知，$\sigma_1 = \sigma_{切} = \frac{pa}{b-a}$，$\sigma_3 = \sigma_{径} = 0$，$\sigma_2 = \sigma_{轴} = \frac{pa}{2(b-a)} = \frac{\sigma_1 + \sigma_3}{2}$

所以为平面变形问题，$m = \frac{2}{\sqrt{3}}$

由 Mises 屈服条件 $\sigma_1 - \sigma_3 = m\sigma_s$ 得：

$$\sigma_1 - \sigma_3 = \sigma_1 = \frac{pa}{b-a} = \frac{2}{\sqrt{3}}\sigma_s$$

则：

$$p = \frac{b-a}{a} \cdot \frac{2}{\sqrt{3}}\sigma_s$$

（3）按 Tresca 屈服条件计算。

$$\sigma_1 = \sigma_{切} = \frac{pa}{b-a},\quad \sigma_3 = \sigma_{径} = 0$$

由 Tresca 屈服条件 $\sigma_1 - \sigma_3 = \sigma_s$ 得：$pa/(b-a) = \sigma_s$

则：

$$p = \frac{b-a}{a}\sigma_s$$

与按 Mises 条件所得结果相差一个 $2/\sqrt{3} = 1.155$，误差约为 13.4%。

任务 6.4　课堂训练

任务名称：

金属变形力计算。

工作任务单：

工作任务单

<table>
<tr><td rowspan="2">任务名称：
金属变形力计算</td><td>姓名</td><td></td><td>班级</td><td></td></tr>
<tr><td>日期</td><td></td><td>页数</td><td>共＿＿＿＿页</td></tr>
<tr><td colspan="5">一、具体任务
一个直径为 400mm 的固体铝的圆柱体，装在一个内径与铝柱外径相等、壁厚为 5mm 的钢管内。今在铝圆柱体的两端强加压力，且设铝柱的屈服极限为 20MPa，钢管的屈服极限为 160MPa。计算在不考虑铝柱和钢管的弹性变形、不计铝柱与钢管内壁间的摩擦力的情况下，钢管屈服时加在铝柱两端的压力。
二、解析过程</td></tr>
</table>

检查情况		教师签名		完成时间	

项目任务单

<table>
<tr><td rowspan="2">项目名称：
开始塑性变形的条件</td><td>姓名</td><td></td><td>班级</td><td></td></tr>
<tr><td>日期</td><td></td><td>页数</td><td>共______页</td></tr>
<tr><td colspan="5">1. 有一金属的应力状态为 −49MPa、−49MPa、−108MPa，$\sigma_s = 59$MPa。试用 Tresca 屈服条件计算说明该金属是否开始塑性变形。

2. 受力金属内一点的应力状态为 80MPa、65MPa、50MPa，该金属屈服极限为 70MPa。问该点能否发生塑性变形？

3. 一个薄壁管，当扭转力为 438MPa 时开始屈服。若此薄壁管先承受 386MPa 的扭转切力，按 Tresca 计算应加多大的轴向压力才能使该管屈服。</td></tr>
</table>

检查情况		教师签名		完成时间	

项目7　轧制过程基本问题

【项目提出】

轧制是金属压力加工中应用极为广泛的一种生产形式，金属通过轧制可获得一定的形状和尺寸，并且使金属获得所需要的性能。为了便于学习和掌握轧制过程中所发生的各种现象、轧制过程基本规律，并且利用这些规律去解决轧制生产中的实际问题，以达到指导和改善轧制生产，必须首先了解轧制过程中所发生的基本现象，即明确轧制的基本问题。

【知识目标】

（1）了解简单轧制的条件。

（2）掌握咬入角、轧辊直径及压下量的关系和应用。

（3）掌握咬入条件、变形量的表示方法、最大压下量计算及改进咬入的措施。

（4）了解轧制速度与变形速度及其区别和联系。

【能力目标】

（1）会描述简单轧制条件、咬入条件。

（2）会分析咬入角、轧辊直径及压下量的关系。

（3）会分析轧辊咬入轧件的条件。

（4）能计算最大压下量。

（5）具有采取合理措施改善轧件咬入的能力。

任务7.1　了解简单轧制的条件

实际的轧制过程是相当复杂的。为简化轧制理论的研究，对轧制过程附加了一些假设条件，即简单轧制条件。简单轧制的条件包括轧辊和轧件两个方面，见表7－1。

表7－1　简单轧制条件

简单轧制条件		非简单轧制过程举例
轧辊方面	两辊驱动，两辊材质、表面状态一样	单辊传动的叠轧薄板轧机
	两辊直径相等，轴线平行并在同一垂直面内	斜轧、劳特轧机
	两辊转速相同，转向相反	斜轧、横轧
	轧辊为平辊	孔型中轧制

续表 7－1

简单轧制条件		非简单轧制过程举例
轧件方面	轧件上只有轧辊施加的力	带张力轧制
	轧件做等速运动	可逆轧机采用低速度咬入、高速轧制
	轧件各处性质、厚度均匀，表面状况相同	温度不均匀
	轧件为方或矩形断面	异型孔轧制

通常把满足简单轧制条件的轧制过程称为简单轧制过程。在简单轧制过程中，轧辊与轧件接触面上的外摩擦相同，上下轧辊给轧件的压下量相同，轧制过程对称于中间轧制水平面。但是，上述简单轧制条件在实际轧制过程中很难同时具备，一般仅有部分条件存在或近似存在。所以，理想的简单轧制过程是很难找到的，实际轧制过程差不多都是非简单轧制过程。但为研究问题方便起见，研究简单轧制是必要的。在简单轧制条件下得出的规律、公式，只要做一些适当的修正或者采用一些等效值，在实际生产中仍然是足够可靠的。

任务 7.2　变形区主要参数的确定

7.2.1　轧制变形区

在轧制过程中，轧件并不是在整个长度上同时产生塑性变形的。在任一瞬间，变形仅产生在与轧辊接触区域及其附近的局部区域内。轧件处于变形阶段的区域称为轧制变形区。

轧制变形区由两部分组成，其中一部分是轧件承受轧辊作用发生变形的区域，这个区域由轧件和上下轧辊的接触面（称为接触弧或咬入弧）、轧件进入轧辊的垂直平面（入口断面）及轧件离开轧辊的垂直平面（出口断面）所围成的区域，称为接触变形区或称几何变形区，如图 7－1 中 $ABB'A'$ 部分。由于轧件整体性的限制，在接触变形区前后一个不大的局部区域内，轧件也要产生微小的塑性变形，称之为非接触变形区或称物理变形区。由于非接触变形区较小、变形规律又很复杂，一般不作分析。所以通常所说的变形区是指接触变形区。

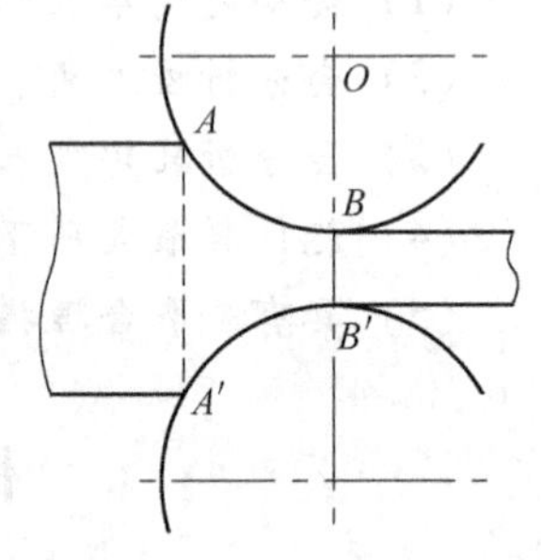

图 7－1　轧制时的变形区

7.2.2　变形区主要参数的确定

轧制变形区的主要参数有咬入角 α、变形区长度 l、变形区平均高度 $\bar{h}$ 和平均宽度 $\bar{B}$。

7.2.2.1　咬入角

咬入角是指轧件与轧辊相接触的圆弧所对应的圆心角，用 α 表示。由图 7－2 可得出：

$$\overline{OB}-\overline{OC}=R-\overline{OC}$$

$$\overline{OC}=R-\overline{CB}$$

$$\overline{CB}=\frac{H-h}{2}=\frac{\Delta h}{2}$$

$$\overline{OC}=R\cos\alpha$$

由以上四式得：

$$\frac{\Delta h}{2}=R-R\cos\alpha$$

即

$$\Delta h = D(1-\cos\alpha) \tag{7-1}$$

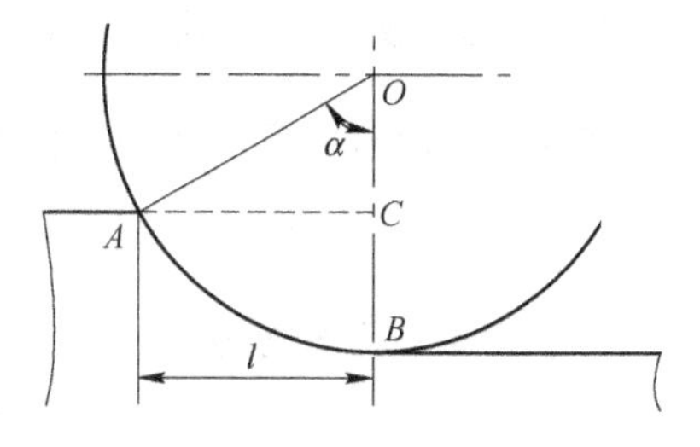

图 7-2　咬入角 α、变形区长度 l

式中　H，h——分别表示轧件变形前后的高度；

R——轧辊半径；

D——轧辊直径；

α——咬入角。

由此可见，可由轧辊直径和压下量来计算咬入角：

$$\alpha=\arccos\left(1-\frac{\Delta h}{D}\right) \tag{7-2}$$

在咬入角比较小的情况下，由于 $1-\cos\alpha=2\sin^2\frac{\alpha}{2}\approx 2\left(\frac{\alpha}{2}\right)^2=\frac{\alpha^2}{2}$，这样，可得到咬入角的近似计算公式：

$$\alpha=\sqrt{\frac{\Delta h}{R}}\quad(\mathrm{rad}) \tag{7-3}$$

若将单位换算成度，则

$$\alpha=57.3\sqrt{\frac{\Delta h}{R}} \tag{7-4}$$

7.2.2.2　变形区长度

轧件与轧辊相接触的圆弧的水平投影长度称为变形区长度，也称为咬入弧长度或接触弧长度，即图 7-2 中的 AC 线段，用 l 表示。

据图 7-2 由几何关系可得：

$$\overline{AC}^2=l^2=R^2-\overline{OC}^2$$

$$\overline{OC}=R-\frac{\Delta h}{2}$$

所以：

$$l^2=R^2-\left(R-\frac{\Delta h}{2}\right)^2=R\cdot\Delta h-\frac{\Delta h^2}{4}$$

$$l=\sqrt{R\cdot\Delta h-\frac{\Delta h^2}{4}}=\sqrt{\left(R-\frac{\Delta h}{4}\right)\Delta h}$$

通常情况下，$R\gg\frac{\Delta h}{4}$，为简化计算，取 $R-\frac{\Delta h}{4}\approx R$，则：

$$l=\sqrt{R\cdot\Delta h} \tag{7-5}$$

7.2.2.3 变形区平均高度和平均宽度

在简单轧制时，变形区的纵横断面可近似看作梯形，因此，变形区的平均高度为：

$$\bar{h}=\frac{H+h}{2} \tag{7-6}$$

变形区的平均宽度为：

$$\bar{B}=\frac{B+b}{2} \tag{7-7}$$

式中 H，h——轧件轧前、轧后的高度；

B，b——轧件轧前、轧后的宽度；

$\bar{h}$，$\bar{B}$——变形区的平均高度和平均宽度。

当变形区形状不是梯形时，其平均宽度可计算为：

$$\bar{B}=\frac{B+2b}{3} \tag{7-8}$$

任务7.3 变形量的表示

7.3.1 变形量的表示方法

轧件在经过轧制以后，高度、宽度、长度三个方向上的尺寸都发生变化，分别产生压下、宽展、延伸变形，如图7-3所示。变形量的大小可用绝对变形量、相对变形量、变形系数等方法来表示。

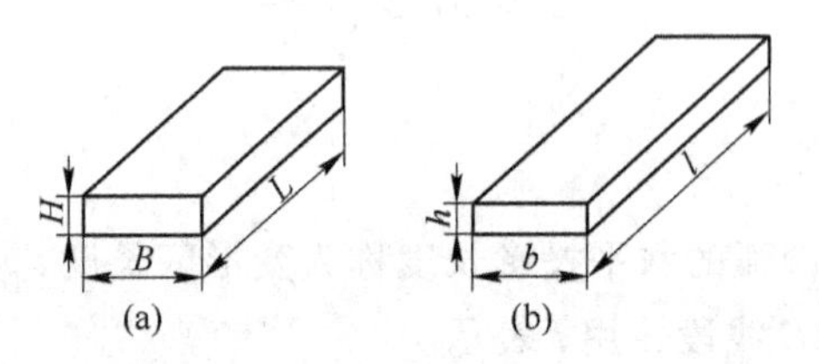

图7-3 轧件变形前后尺寸的变化

(a) 变形前尺寸；(b) 变形后尺寸

7.3.1.1 绝对变形量表示方法

用轧制前后轧件尺寸之差的绝对值表示的变形量称为绝对变形量。

A 绝对压下量

绝对压下量简称压下量，为轧制前后轧件厚度之差，用 Δh 表示：

$$\Delta h=H-h \tag{7-9}$$

B 绝对宽展量

绝对宽展量简称宽展量，为轧制后与轧制前轧件宽度之差，用 Δb 表示：

$$\Delta b=b-B \tag{7-10}$$

若 $\Delta b<0$，称为负宽展。

C　绝对延伸量

绝对延伸量简称延伸量，为轧制后与轧制前轧件长度之差，用 Δl 表示：

$$\Delta l = l - L \tag{7-11}$$

绝对变形量直观地反映出了轧件长、宽、高三个方向上线尺寸的变化，但不能正确反映变形程度的大小。

7.3.1.2　相对变形量表示方法

用轧制前后轧件尺寸的相对变化量表示的变形量称为相对变形量，通常采用的是绝对变形量与原始线尺寸的比值。

A　相对压下量

相对压下量简称压下率，用 ε_1 表示：

$$\varepsilon_1 = \frac{H-h}{H} \times 100\% = \frac{\Delta h}{H} \times 100\% \tag{7-12}$$

B　相对宽展量

相对宽展量用 ε_2 表示：

$$\varepsilon_2 = \frac{b-B}{B} \times 100\% = \frac{\Delta b}{B} \times 100\% \tag{7-13}$$

C　相对延伸量

相对延伸量又称伸长率，用 ε_3 表示：

$$\varepsilon_3 = \frac{l-L}{L} \times 100\% = \frac{\Delta l}{L} \times 100\% \tag{7-14}$$

相对变形量考虑了轧件的原始尺寸，能正确反映出变形程度的大小。例如，有两块轧件，它们的宽度、长度相同，厚度分别为 $H_1=4\text{mm}$，$H_2=10\text{mm}$，经过轧制后厚度分别为 $h_1=2\text{mm}$，$h_2=6\text{mm}$，绝对压下量分别为 $\Delta h_1=2\text{mm}$，$\Delta h_2=4\text{mm}$。显然第二块轧件的绝对压下量比第一块要大，但这并不能说明第二块轧件的变形程度比第一块大。通过计算得知，第一块轧件的压下量为原来厚度的 50%，而第二块轧件只有 40%。显然第一块轧件的变形程度较大。

7.3.1.3　变形系数表示方法

A　压下系数

表示高向变形的系数称为压下系数，用 η 表示：

$$\eta = H/h \tag{7-15}$$

B　宽展系数

表示宽向变形的系数称为宽展系数，用 ω 表示：

$$\omega = b/B \tag{7-16}$$

C 延伸系数

表示长度方向变形的系数称为延伸系数，用 μ 表示：

$$\mu = l/L = F_0/F_n \tag{7-17}$$

如果金属在变形前后体积不变，即 $HBL = hbl$，则：

$$\omega\mu = \eta \tag{7-18}$$

7.3.2 金属纵横流动比

对式（7－18）两边取对数得：

$$\ln\omega + \ln\mu = \ln\eta$$

即：

$$\frac{\ln\omega}{\ln\eta} + \frac{\ln\mu}{\ln\eta} = 1 \tag{7-19}$$

式中 $\frac{\ln\omega}{\ln\eta}$——宽度方向的位移体积占高度方向位移体积的比率；

$\frac{\ln\mu}{\ln\eta}$——长度方向的位移体积占高度方向位移体积的比率。

【案例】 在某加工过程中，已知 $H = 225$，$h = 150$，$\mu = 1.35$。求纵横流动比及 ω。

解析：

$$\eta = H/h = 225/150 = 1.50$$

$$\ln\mu/\ln\eta = \ln 1.35/\ln 1.50 \approx 74\%$$

$$\ln\omega/\ln\eta = 1 - 74\% = 26\%$$

$$\omega = \eta/\mu = 1.5/1.35 \approx 1.11$$

7.3.3 总延伸系数与道次延伸系数的关系

轧制时，从原料到成品须经逐道压缩多次变形而成，这就有一个道次变形量和总变形量以及道次之间的关系问题。

假如坯料的断面积为 F_0、长度为 L，经 n 道次轧制后成材，其中每一道的变形量称为道次变形量，逐道变形量的积累称为总变形量。

设成品断面积为 Fn、长度为 l_n，则每一道次的延伸系数应为：

$$\mu_1 = l_1/L = F_0/F_1$$

$$\mu_2 = l_2/L = F_1/F_2$$

$$\cdots\cdots$$

$$\mu_n = l_n/L = F_{n-1}/F_n$$

式中 μ_1，μ_2，…，μ_n——各道次延伸系数；

l_1，l_2，…，l_n——各道次轧后长度；

F_1，F_2，…，F_n——各道次轧后轧件面积。

将各道延伸系数相乘，得到：

$$\mu_1 \times \mu_2 \times \cdots \times \mu_n = \frac{F_0}{F_1} \times \frac{F_1}{F_2} \times \cdots \times \frac{F_{n-1}}{F_n} = \frac{F_0}{F_n} = \mu_\Sigma$$

式中　μ_Σ——总延伸系数，$\mu_\Sigma = F_0/F_n$。

由此可得出结论，总延伸系数等于各道次延伸系数的连乘积。即：

$$\mu_\Sigma = \mu_1 \times \mu_2 \times \cdots \times \mu_n \tag{7-20}$$

若各道次的延伸系数都相等，均等于平均延伸系数，则上式可以写成：

$$\mu_\Sigma = \bar{\mu}^n$$

式中　$\bar{\mu}$——平均延伸系数；

n——轧制道次。

由此可导出轧制道次与断面积、平均延伸系数的关系为：

$$n = \frac{\ln\mu_\Sigma}{\ln\bar{\mu}} = \frac{\ln F_0 - \ln F_n}{\ln\bar{\mu}} \tag{7-21}$$

计算时，轧制道次必须取整数。至于取奇数还是偶数，则应根据设备条件而定。如轧机为单机架，一般取奇数道次；若为双机架轧机，则一般取偶数道次。

7.3.4　技能训练实际案例

【案例 1】 一个矩形断面轧件，轧制前的尺寸为 $H \times B \times L = 165\text{mm} \times 165\text{mm} \times 1200\text{mm}$，轧制后的断面尺寸为 $h \times b = 120\text{mm} \times 172\text{mm}$。计算该道次的绝对压下量、相对压下量、绝对宽展量、延伸系数和轧后长度。

解： 绝对压下量：$\Delta h = H - h = 165 - 120 = 45\text{mm}$

相对压下量：$\varepsilon_1 = \frac{\Delta h}{H} \times 100\% = \frac{45}{165} \times 100\% = 27.3\%$

绝对宽展量：$\Delta b = b - B = 172 = 165 = 7\text{mm}$

延伸系数：$\mu = \frac{F_0}{F_1} = \frac{H \times B}{h \times b} = \frac{165 \times 165}{120 \times 172} \approx 1.32$

轧后长度 $l = \mu L = 1.32 \times 1200 = 1584\text{mm}$

或：轧后长度 $l = \frac{H \times B \times L}{h \times b} = \frac{165 \times 165 \times 1200}{120 \times 172} \approx 1583\text{mm}$

【案例 2】 用 200mm × 200mm 的方坯轧制 80 × 80 方钢，$\bar{\mu} = 1.35$。试计算总延伸系数和轧制道次。

解： 总延伸系数：$\mu_\Sigma = \frac{F_0}{F_n} = \frac{200 \times 200}{80 \times 80} = 6.25$

轧制道次：$n = \frac{\ln\mu_\Sigma}{\ln\bar{\mu}} = \frac{\ln 6.25}{\ln 1.35} \approx 6.1$

取 $n = 6$ 道。

任务 7.4　课堂实训

任务名称：

延伸系数的计算与分配。

工作任务单：

工作任务单

<table>
<tr><td rowspan="2">任务名称：
延伸系数的计算与分配</td><td>姓名</td><td></td><td>班级</td><td></td></tr>
<tr><td>日期</td><td></td><td>页数</td><td>共______页</td></tr>
<tr><td colspan="5">一、具体任务
在一列三辊式 $\phi800\times3$ 轧机上用 210mm × 245mm 的钢坯轧制直径为 80mm 的方钢，采用箱形孔型系统，平均延伸系数为 1.15 ~ 1.4。计算总延伸系数、确定轧制道次、分配各道次延伸系数、校核总延伸系数。</td></tr>
<tr><td colspan="5">二、解析过程
1. 计算总延伸系数。

2. 选取平均延伸系数。

3. 确定轧制道次。

4. 分配各道次延伸系数。

5. 校核各道次延伸系数是否等于总延伸系数。</td></tr>
<tr><td>检查情况</td><td></td><td>教师签名</td><td></td><td>完成时间</td></tr>
</table>

任务 7.5　熟悉轧辊咬入轧件的条件

7.5.1　咬入角和摩擦角

7.5.1.1　咬入角

咬入角如前所述，它是变形区所对应的圆心角，用 α 表示。

7.5.1.2　摩擦角

如图 7－4 所示，当物体在斜面上处于将要下滑而又未下滑的临界状态时，正压力 N 与摩擦力 T 的合力 F 与重力 G 大小相等、方向相反。此时，

$$\tan\beta = \frac{T}{N} = \frac{f \cdot N}{N} = f \qquad (7-22)$$

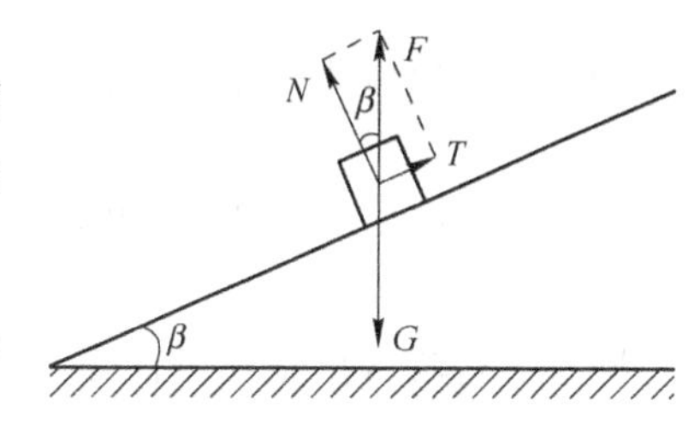

图 7－4　摩擦角示意图

则：

$$\beta = \tan^{-1} f \qquad (7-23)$$

图 7－4 中 β 角是合力 F（摩擦力和正压力的合力）与正压力之间的夹角，由于它只和接触面上的摩擦系数有关，所以称它为摩擦角。

7.5.2　轧辊作用于轧件上的力

在简单轧制条件下，轧辊作用于轧件上的力只有正压力和摩擦力，且是对称于中间轧制水平面的，如图 7－5 所示。

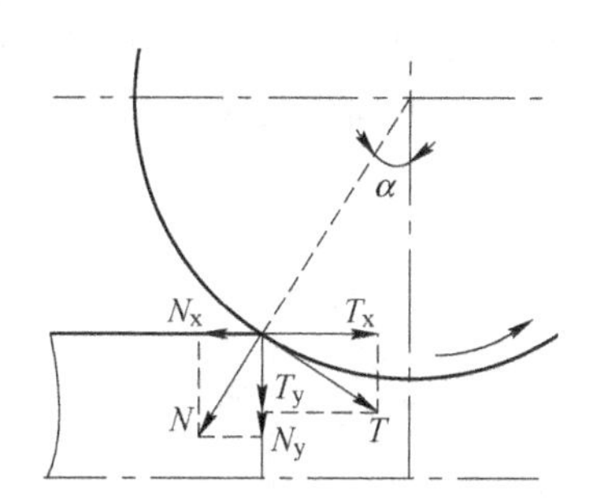

图 7－5　轧辊作用于轧件上的力

正压力和摩擦力的垂直分力 N_y、T_y 在高度方向上对轧件起压缩作用，使轧件产生塑性变形，有利于轧件被咬入；正压力的水平分量 N_x 与轧件运动方向相反，阻碍轧件被咬入；摩擦力的水平分量 T_x 与轧件运动方向一致，力图将轧件拉入变形区。

7.5.3　咬入条件

在生产实践中，有时轧制很顺利，但有时因压下量过大或轧件温度过高等原因，轧件不能被咬入。而只有实现咬入并且使轧件顺利通过变形区，才能完成轧制过程。轧件咬不入，一般称不能咬入。

由图7-5可知，N_x 与 T_x 的关系决定着轧件能否被咬入，两者可能有以下三种情况：

若 $N_x > T_x$，不能咬入；

若 $N_x < T_x$，可以咬入；

若 $N_x = T_x$，处于能咬入和不能咬入的临界状态。

由几何关系知：

$$T_x = T\cos\alpha = fN\cos\alpha$$

$$N_x = N\sin\alpha$$

当轧件可以被咬入时，由 $N_x < T_x$ 得：

$$N\sin\alpha < fN\cos\alpha$$

则得到可以咬入的条件为：

$$\tan\alpha < \beta \qquad (7-24)$$

与式（7-22）比较得，轧件可以被轧辊咬入的条件为：

$$\alpha < \beta \qquad (7-25)$$

同理可得咬入的临界条件为：

$$\alpha = \beta$$

轧件不能被咬入的条件为：

$$\alpha > \beta$$

在临界状态下，轧件不能自然咬入。但实际生产中，在轧件惯性力作用下，轧件也是可以被轧辊咬入的，故通常将咬入条件定为：

$$\alpha \leqslant \beta \qquad (7-26)$$

即最大咬入角 $\alpha_{max} = \beta$。

由此可以得出结论：咬入的必要条件是咬入角小于摩擦角；咬入角等于摩擦角是咬入的极限条件，即可能的最大咬入角等于摩擦角；如果咬入角大于摩擦角则不能咬入。

咬入条件还可用 T、N 的合力 P 的方向来判断，如图7-6所示。

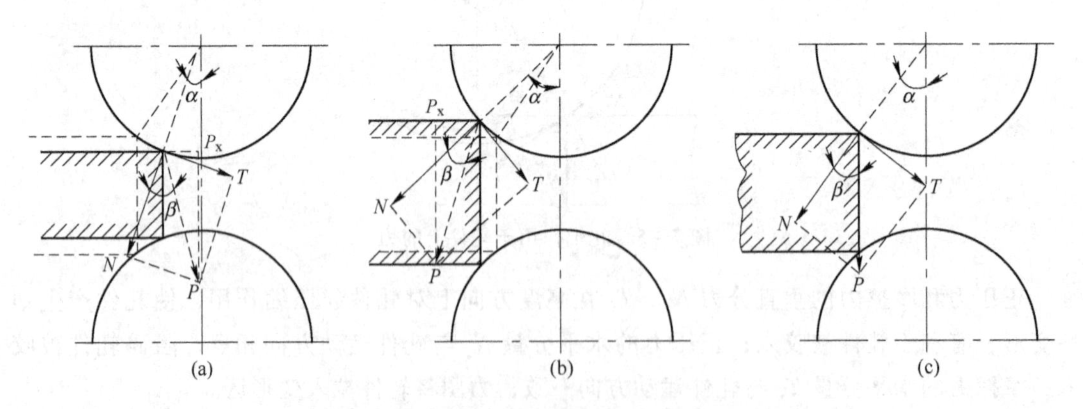

图7-6　根据合力 P 判断轧件能否咬入

（a）合力 P 偏向轧件出口侧；（b）合力 P 偏向轧件入口侧；（c）合力 P 处于垂直方向

合力 P 偏向轧件出口侧时，其水平分量 P_x 指向轧件出口侧，故可将轧件拉入变形区而实现咬入，如图7-6(a) 所示；合力 P 偏向轧件入口侧时，其水平分量 P_x 指向入口侧，阻止轧件进入变形区，所以不能咬入，如图7-6(b) 所示；合力 P 恰好处于铅垂方向时，其水平分量为零，轧件处于临界状态，不能自然咬入，但在轧件惯性力作用下，也能咬入，如图7-6(c) 所示。

7.5.4 稳定轧制条件

7.5.4.1 轧件充填变形区的过程及剩余摩擦力的产生

轧件开始咬入后，金属与轧辊接触表面不断增加，假设作用在轧件上的正压力和摩擦力均匀分布，其合力作用点在接触弧中点，如图7-7所示。随着轧件逐渐进入变形区，轧辊对轧件作用力的作用点所对应的轧辊圆心角由开始咬入时的 α 减小为（$\alpha-\delta$），在轧件完全充填变形区后，减小为 $\alpha/2$。

为便于比较，暂且假定轧件是在临界条件下被咬入，在开始咬入瞬间，合力 P 的作用方向是垂直的。随轧件充填变形区，（$\alpha-\delta$）角减小，摩擦力水平分量 $T\cos(\alpha-\delta)$ 逐渐加大，正压力水平分量 $N\sin(\alpha-\delta)$ 逐渐减小，合力 P 开始向出口侧倾斜，其水平分量 P_x 由开始时的零而逐渐增大。P_x 为：

$$P_x = T_x - N_x = fN\cos(\alpha-\delta) - N\sin(\alpha-\delta) \qquad (7-27)$$

当轧件前端出变形区后，即稳定轧制阶段建立之后，P_x 为：

$$P_x = fN\cos\frac{\alpha}{2} - N\sin\frac{\alpha}{2} \qquad (7-28)$$

这说明随着轧件头部充填变形区后，摩擦力水平分量 T_x 除克服推出力 N_x 外，还出现剩余。克服推出力外还剩余的摩擦力水平分量称为剩余摩擦力。

由于轧件充填变形区的过程中出现剩余摩擦力并逐渐加大，只要轧件一经咬入，轧件继续进入变形区就变得更加容易。

由式（7-28）可以看出，摩擦系数越大，剩余摩擦力越大。而当摩擦系数为定值时，随咬入角减小，剩余摩擦力增大。

7.5.4.2 建立稳定轧制状态后继续轧制的条件

轧件完全充满变形区后，进入稳定轧制状态。由图7-8可见，此时正压力的作用点位于整个咬入弧的中点，剩余摩擦力达到最大值。此时：

$$T_x = T\cos\frac{\alpha}{2} = fN\cos\frac{\alpha}{2}$$

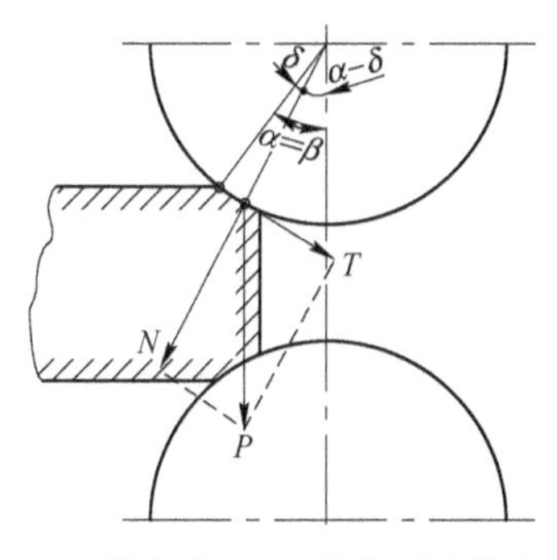

图7-7 轧件在 $\alpha=\beta$ 条件下充填变形区

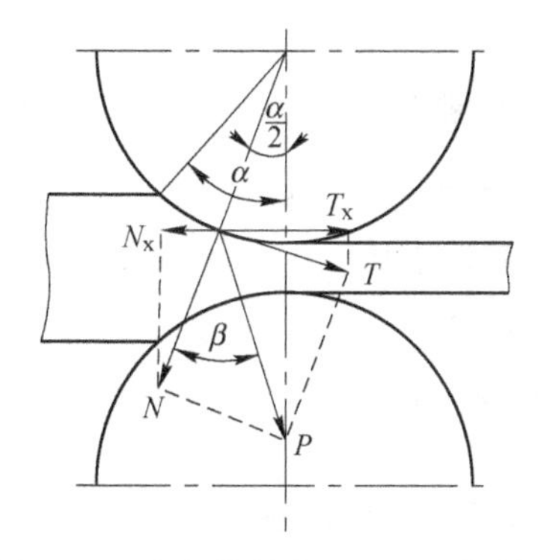

图7-8 稳定轧制阶段 α 和 β 的关系

$$N_x = N\sin\frac{\alpha}{2}$$

继续进行轧制的条件仍为 $T_x \geqslant N_x$，即：

$$fN\cos\frac{\alpha}{2} \geqslant N\sin\frac{\alpha}{2}$$

则：

$$f \geqslant \tan\frac{\alpha}{2}$$

将 $f=\tan\beta$ 代入得稳定轧制状态下继续进行轧制的条件是：

$$\beta \geqslant \frac{\alpha}{2} \tag{7-29}$$

或

$$\alpha \leqslant 2\beta \tag{7-30}$$

这说明，在建立稳定轧制状态后，可强制增大压下量，使最大咬入角 $\alpha=2\beta$，轧制仍可继续进行。这样，就可利用剩余摩擦力来提高轧机的生产率。

在实际生产中，由于多种原因的影响，冷轧情况下，稳定轧制时的最大咬入角可为 $\alpha=(2\sim2.4)\beta$；而在热轧时，稳定轧制阶段的最大咬入角 $\alpha=(1.5\sim1.7)\beta$。

任务 7.6　咬入角和摩擦系数的测定

7.6.1　任务目标

（1）通过实验进一步加深对咬入角、摩擦系数、咬入条件等基本知识的理解；
（2）测出铅试件的最大咬入角和摩擦系数；
（3）能正确操作轧机；
（4）熟悉实验操作方法，安全文明操作。

7.6.2　相关知识

轧制过程能否建立，决定于轧件能否被旋转的轧辊咬入。在自然咬入时，轧辊对轧件前端的摩擦力之水平分量 T_x 要克服轧辊对轧件推出作用力的水平分量 P_x 轧件才能咬入。即咬入条件为：

$$\alpha \leqslant \beta$$

7.6.3　实验器材

（1）ϕ130 实验轧机；
（2）游标卡尺；
（3）铅试件。

7.6.4　任务实施

7.6.4.1　实验准备

取 $H=7$mm、$B=25$mm、$L=75$mm 铅试件四块，用砂纸除去毛边，表面打片，然后测量试件厚度。

7.6.4.2　实验方法与步骤

（1）将轧辊辊缝调到 2mm 左右，将一块试件放在轧辊口一方的导板上，借助木块将其推到转动的轧辊缝隙处，与辊面接触，此时轧件不能被轧辊咬入，然后由一人缓慢抬起上轧辊，直到察觉试件抖动（此时一定要注意上轧辊不能抬起太快，以避免轧件过早被咬入）。随后再稍用一点力推轧件，轧件即可咬入。

（2）测量轧后的轧件高度及轧辊直径，再按照下面公式求出最大咬入角：

$$\alpha_{max} = \arccos\left(1 - \frac{H - h}{D}\right)$$

式中　D——轧辊直径，mm；

H——轧件轧前厚度，mm；

h——轧件轧后厚度，mm。

此时 $\alpha_{max} = \beta$，摩擦系数 $f = \tan\beta = \tan\alpha_{max}$。

（3）依照上述同样方法，把第二块试件送入轧辊并对试件施加后推力，慢慢抬起上轧辊，直至使轧件咬入。

（4）第三块试件是在轧辊上涂有润滑油的情况下轧制，使轧件自然咬入，辊缝调至 3.5mm 左右然后缓慢上抬。

（5）第四块试件是在涂有粉笔灰的辊面上轧制，自然咬入。辊缝先调到 0.5mm 左右。

7.6.5　工作任务单

学生依据实验手册的要求及操作步骤，在教师的指导下完成本工作任务，并填写任务单。

工作任务单

<table>
<tr><td rowspan="2">任务名称</td><td rowspan="2">咬入角和摩擦系数的测定</td><td>姓名</td><td></td><td>班级</td><td></td></tr>
<tr><td>小组成员</td><td colspan="3"></td></tr>
<tr><td>具体任务</td><td colspan="5">测出铅试件的最大咬入角和摩擦系数。</td></tr>
<tr><td colspan="6">一、知识要点
1. 咬入角的概念及确定方法。

2. 摩擦角的概念及其与摩擦系数的关系。

</td></tr>
</table>

任务名称	咬入角和摩擦系数的测定	姓名		班级	
		小组成员			

3. 咬入条件及最大咬入角的确定。

二、实验数据记录

表7-2 实验数据记录表

序号	材料	试验条件	H/mm	h/mm	Δh/mm	α/(°)	f	轧辊直径/mm
1	铅	干辊面，自然咬入						
2	铅	干辊面，人工后推						
3	铅	润滑辊，自然咬入						
4	铅	粉笔灰，自然咬入						

三、训练与思考

讨论各种轧制条件对咬入的影响。

四、检查与评估

1. 检查实验完成情况；
2. 根据实验过程中的自我表现，对自己的工作情况进行自我评估，并总结改进意见；
3. 教师对小组工作情况进行评估，并进行点评；
4. 教师、各小组、学生个人对本次的评价给出量化。

考核项目	评分标准	分数	学生自评	小组评价	教师评价	备注
安全生产	有无安全隐患	10				
活动情况	积极主动	5				
团队协作	和谐愉快	5				
现场5S	做到	10				
劳动纪律	严格遵守	5				
工量具使用	规范、标准	10				
操作过程	规范、正确	50				
实验报告书写	认真、规范	5				
总　分						

教师签名： 年　月　日	总　评	

任务7.7　轧制速度与变形速度

7.7.1　轧制速度与工作直径

7.7.1.1　轧制速度

通常所说的轧制速度是指轧件离开轧辊的速度，在忽略轧件与轧辊的相对滑动时近似等于轧辊的圆周线速度。轧辊圆周线速度可由轧辊的转速、轧辊的工作直径来计算：

$$v = \frac{\pi n D_g}{60} \tag{7-31}$$

式中　v——轧辊圆周速度，m/s；

n——轧辊转速，r/min；

D_g——轧辊工作直径，mm。

7.7.1.2　工作直径

轧辊工作直径是指轧制时与轧件接触处的轧辊直径。如图7-9所示为平辊轧制时轧辊工作直径示意图。由图7-9可知，平辊工作直径就是轧辊辊身直径，即：

$$D_g = D \tag{7-32}$$

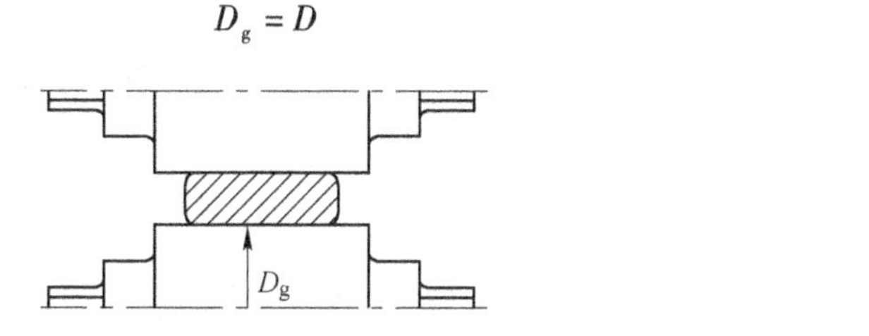

图7-9　平辊轧制时工作直径示意图

图7-10所示是在矩形孔型中轧制时的工作直径。图中各符号的意义分别是：

s——轧辊辊缝值，即上下两轧辊辊环之间的距离。实际生产中，辊缝不能为零。

D_{sx}——原始中心距，即新轧辊时上、下轧辊轴线之间的距离。

D'——轧辊假想原始直径，即在保持原始中心距不变的条件下，假想上下两轧辊靠拢、中间没有辊缝时的轧辊直径。

D——轧辊辊环直径或辊身直径。新辊时辊身直径最大，旧辊（最后一次使用）时辊身直径最小。

h——孔型高度。

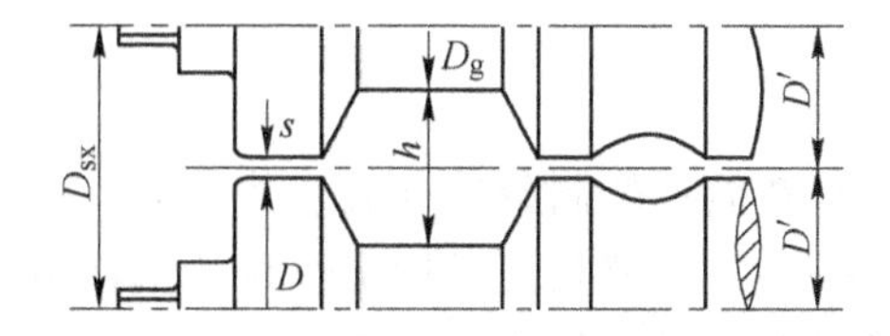

图7-10　矩形孔型中轧制时轧辊工作直径示意图

由图 7 - 10 可得：

$$D_g = D' - h \tag{7-33}$$

或

$$D_g = D - (h - s) \tag{7-34}$$

7.7.1.3　平均工作直径

若实际轧制时轧辊不是平辊或孔型不是矩形孔型时，则由于各处工作直径不同，轧辊各处圆周线速度不同，但由于轧件整体性限制，轧件仍以某一平均速度离开轧辊，则称与此平均速度相应的直径为平均工作直径，即：

$$\overline{D}_g = \frac{60}{\pi n} \cdot \bar{v} \tag{7-35}$$

式中　$\overline{D}_g$——平均工作直径；

$\bar{v}$——轧件离开轧辊的平均速度。

7.7.1.4　平均高度法

当轧辊不是平辊或孔型不是矩形孔时，应按平均高度法来确定轧辊的平均工作直径，如图 7 - 11 所示。

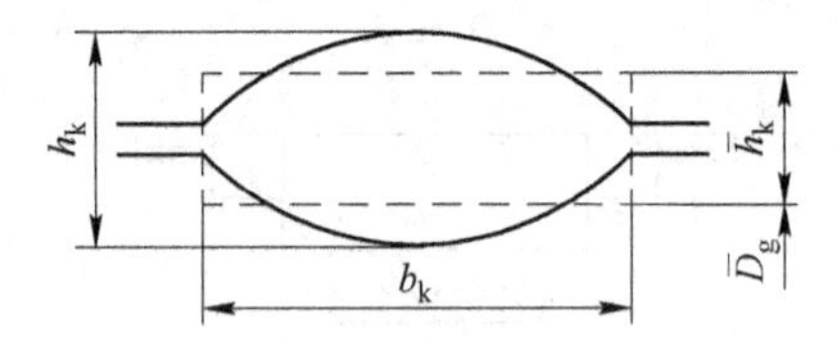

图 7 - 11　按平均高度法确定轧辊平均工作直径

$$\overline{D}_g = D' - \bar{h}_k \tag{7-36}$$

式中　$\bar{h}_k$——孔型平均高度，按平均高度法确定。

按平均高度法确定工作直径是在保持孔型面积不变、孔型宽度不变的条件下，将孔型视为矩形（如图 7 - 11 中虚线所示），则矩形的高度就是孔型平均高度，与此孔型平均高度对应的工作直径就是平均工作直径。

$$\overline{D}_g = D' - \frac{F}{b_k} \tag{7-37}$$

或

$$\overline{D}_g = D - \left(\frac{F}{b_k} - s\right) \tag{7-38}$$

式中　F——孔型面积；

b_k——孔型宽度。

轧制原理中所有公式都是在简单轧制条件（轧辊为平辊）下得出的，当轧辊不是平辊时，对公式应作修正，其中一种方法就是用平均工作直径来代替平辊直径。同样，当轧件不是方或矩形断面时，也必须对公式进行修正。方法是用平均高度代替轧件高度、用平均压下量代替压下量，平均高度的确定方法也是平均高度法。

如图 7－12 所示为椭圆轧件进立方孔轧制的情况，由于轧件不是方的也不是矩形的，轧制时沿轧件宽度方向上，各处的压下量不相等。因此需要用平均压下量来代替压下量。平均压下量为：

$$\Delta\bar{h} = \bar{H} - \bar{h} = \frac{Q}{B} - \frac{q}{b} \tag{7-39}$$

式中　$\Delta\bar{h}$——平均压下量；

$\bar{H}$，$\bar{h}$——轧制前、后轧件平均高度；

Q，q——轧制前、后轧件面积；

B，b——轧制前、后轧件宽度。

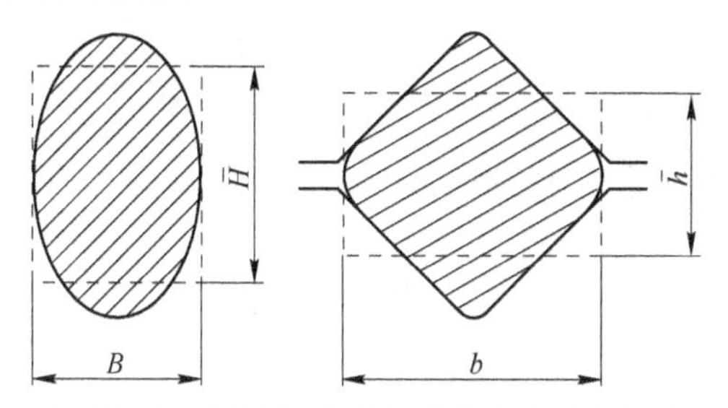

图 7－12　按平均高度法确定轧件平均高度

采用平均高度法计算轧件平均高度时应注意的是，由于孔型在设计时预留有一定的宽展余量，因此轧件面积并非孔型面积，轧件宽度也非孔型宽度，所以轧件平均高度也不是孔型平均高度。

7.7.2　变形速度

变形速度是变形程度对时间的变化率，它表示单位时间内产生的变形程度。一般用最大主变形方向的变形程度来表示各种变形过程中的变形速度。按定义，变形速度可用下式表示：

$$\dot{\varepsilon} = \frac{\mathrm{d}\varepsilon}{\mathrm{d}t}(1/s) \tag{7-40}$$

例如轧制或锻压时，某一瞬间 Δt 内，工件的高度为 hx，产生的压缩变形量为 Δhx，此时的变形速度为：

$$\dot{\varepsilon} = \frac{\Delta\varepsilon}{\Delta t} = \frac{\frac{\Delta hx}{hx}}{\Delta t} = \frac{1}{hx} \cdot \frac{\Delta hx}{\Delta t} = \frac{u_y}{hx}$$

式中　u_y——工具的瞬时运动速度。

可见，变形速度除了与工具的瞬时运动速度有关外，还与工件的瞬时厚度有关。因此，变形速度与工具运动速度是两个不同的概念，不能将它们混为一谈。轧制时工具的运动速度表示为两轧辊圆周速度 v 的垂直分量，即：

$$v_y = 2v\sin\theta$$

其中 θ 为变形区内任一截面与出口断面之间的圆弧所对应的轧辊圆心角，在入口处 $\theta = \alpha$，在出口处 $\theta = 0$。

可见轧制时变形区内不同垂直平面上，变形速度不相同。通常使用的是某一轧制道次的平均变形速度。轧制平均变形速度一般按下述公式计算。

计算轧制平均变形速度的艾克隆德公式：

$$\bar{\dot{\varepsilon}} = \frac{2v\sqrt{\frac{\Delta h}{R}}}{H + h} \tag{7-41}$$

式中 R——轧辊半径；

v——轧辊圆周线速度。

计算轧制平均变形速度的采利柯夫公式：

$$\bar{\dot{\varepsilon}} = \frac{\Delta h}{H} \cdot \frac{v_{\mathrm{h}}}{\sqrt{R\Delta h}} \tag{7-42}$$

式中 v_{h}——轧制速度。

如果忽略轧件和轧辊辊面之间的滑动，则式（7-41）可简化为：

$$\bar{\dot{\varepsilon}} = \frac{\Delta h}{H} \cdot \frac{v}{\sqrt{R\Delta h}} \tag{7-43}$$

任务 7.8 最大压下量的计算

7.8.1 最大压下量的计算公式

压下量是限制轧件咬入的关键因素，压下量过大，轧件将不能咬入。为保证轧件能顺利咬入，某道次压下量一般不超过该道次咬入条件所允许的最大压下量。最大压下量可按最大咬入角计算，也可按摩擦系数计算。

7.8.1.1 按最大咬入角 $\alpha_{\max}$ 计算最大压下量

$$\Delta h_{\max} = D_{\mathrm{g}}(1 - \cos\alpha_{\max}) \tag{7-44}$$

式中 $\Delta h_{\max}$——最大压下量；

D_{g}——轧辊工作直径，为了保证在轧辊整个寿命周期都能顺利咬入轧件，一般取旧辊时的最小工作直径；

$\alpha_{\max}$——最大咬入角，不同轧制条件下的最大咬入角见表 7-3。

表 7-3 不同轧制条件下的最大咬入角

轧制条件	摩擦系数	最大咬入角/(°)
在有刻痕或堆焊的轧辊上热轧钢坯	0.45~0.62	24~32
热轧型钢	0.36~0.47	20~25
热轧钢板或扁钢	0.27~0.36	15~20
在一般光面轧辊上冷轧钢板或带钢	0.09~0.18	5~10
在镜面光泽轧辊（粗糙度达∇12）上冷轧板带钢	0.05~0.08	3~5
辊面同上，用蓖麻油、棉籽油、棕榈油润滑	0.03~0.06	2~4

7.8.1.2　按摩擦系数 f 计算最大压下量

$$\Delta h_{max} = D_g\left(1 - \frac{1}{\sqrt{1+f^2}}\right) \tag{7-45}$$

式中　D_g——轧辊最小工作直径；

f——摩擦系数，不同轧制条件下的摩擦系数可按表 7－3 选取。

7.8.2　技能训练实际案例

假设热轧时轧辊直径 $D=800$mm，摩擦系数 $f=0.3$，求咬入条件所允许的最大压下量及建立稳定轧轧过程后，利用剩余摩擦力可以达到的最大压下量。

解：1. 计算咬入条件所允许的最大压下量：

$$\Delta h_{max} = D\left(1 - \frac{1}{\sqrt{1+f^2}}\right) = 800 \times \left(1 - \frac{1}{\sqrt{1+0.3^2}}\right) = 34\text{mm}$$

2. 计算在建立稳定轧轧过程后，利用剩余摩擦力可以达到的最大压下量：

取　$$\alpha = 1.5\beta = 1.5\arctan 0.3 = 1.5 \times 16.7 \approx 25°$$

则　$$\Delta h'_{max} = D(1-\cos\alpha_{max}) = 800 \times (1-\cos 25) \approx 75\text{mm}$$

利用剩余摩擦力可以增加的压下量为：

$$75 - 34 = 41\text{mm}$$

任务 7.9　咬入条件的改善

7.9.1　压下量、轧辊直径与咬入角的关系

由式（7－1）可以看出，压下量与轧辊直径、咬入角有关。

（1）当轧辊直径一定（D＝常数 C）时：

$$\Delta h = C(1-\cos\alpha)$$

根据上式，在直径相同的轧辊上轧制时，若增加咬入角，压下量便可增加。由于咬入角 α 受摩擦系数 f 的限制，因此，要想增大咬入角来提高压下量，必须增大摩擦系数。

（2）当咬入角一定（$\alpha=C$）时：

$$\Delta h = CD$$

即压下量与轧辊直径成正比。因此，在摩擦系数不变、允许的最大咬入角不变时，增加轧辊直径是增大压下量或改善咬入的好办法。

（3）当压下量一定（$\Delta h=C$）时，由 $\Delta h=D(1-\cos\alpha)$ 得：

$$D = \frac{C}{1-\cos\alpha}$$

或

$$\alpha = \arccos\left(1 - \frac{C}{D}\right)$$

即在压下量不变时，若轧辊直径增大，咬入角 α 要减小。

7.9.2　影响轧件咬入的因素

轧件被轧辊咬入的必要条件是 $\alpha \leqslant \beta$，可以直接或间接影响咬入角或摩擦角的因素都会影响到咬入。

7.9.2.1　轧辊直径及压下量对咬入的影响

由 $\Delta h = D(1 - \cos\alpha)$ 可知，当压下量 Δh 一定时，加大轧辊直径，相应的咬入角就减小，在摩擦系数一定（即摩擦角一定）时，咬入角越小，咬入就越容易。

当轧辊直径 D 一定时，减小压下量 Δh，则咬入角 α 减小，咬入就变得容易。在生产中，若轧件咬入确实有困难，可以减小压下量，这样轧件就能顺利咬入。

7.9.2.2　轧辊表面状态对咬入的影响

轧辊表面光滑程度不同，轧件咬入的难易程度各异。轧辊或轧件表面光滑，则摩擦系数小，当咬入角一定时，咬入就困难；若轧辊表面粗糙，摩擦系数大，咬入就容易。例如，热轧板坯咬入不良时，可在钢坯的表面撒氧化铁皮，以改善咬入。

7.9.2.3　后推力对咬入的影响

凡顺轧制方向作用在轧件上的外力，都能协助咬入力（T_x）抵消一部分推出力（N_x），使剩余摩擦力增大，咬入得到改善。如后推力、轧件运送时的惯性力、带钢轧制时的前张力等，都有助于咬入或防止轧制时打滑。

凡是逆轧制方向作用在轧件上的外力，都不利于轧件的咬入。

7.9.2.4　轧制速度对咬入的影响

轧制速度加大，辊面与轧件之间的摩擦系数减小，而当轧制速度降低时，接触面的摩擦系数加大。因此，对于压下量较大的可逆式初轧机或厚板轧机，由于咬入角较大，必须采用低速咬入、咬入后再提高轧制速度的方法来进行轧制。

7.9.2.5　轧件前端的形状对咬入的影响

轧件前端为楔形，或钢锭轧制时以小头进钢，均可减小开始咬入时的咬入角而易于咬入。反之，若轧件轧制中前端劈开、分叉，则下一道次咬入就困难。

7.9.2.6　孔型侧壁对咬入的影响

在孔型中轧制时，若轧件进入孔型时最先和孔型侧壁相接触，此时轧辊对轧件正压力的方向为孔型侧壁的法线方向，与平辊轧制时相比，推出力在轧制方向的水平分量减小，因此对轧件的咬入有利。孔型中轧制时的咬入条件为：

$$\alpha_1 = \beta / \sin\rho$$

式中　α_1——轧件和孔型侧壁开始接触点对应的咬入角；

ρ——孔型的侧壁倾角，一般为 2° ~20°；

β——摩擦角。

可见，孔型中的咬入能力是平辊咬入能力的 $1/\sin\rho$ 倍，侧壁斜度越小，咬入能力的改善程度越大。如果咬入时轧件头部不是最先和孔型侧壁接触，则不能增强咬入能力。

7.9.3　改善咬入的措施

在轧制过程中，为了改善咬入通常可以采用增大摩擦系数和利用剩余摩擦力的方法。

7.9.3.1　利用剩余摩擦力改善咬入

A　楔形轧件轧制

把轧件头部做成楔形，使咬入时的实际咬入角减小，在建立稳定轧制状态后，压下量随轧件厚度增大而逐渐增加。如轧制钢锭时采用小头进钢。

B　带钢压下

咬入后带钢压下，即在以 $\alpha < \beta$ 条件下咬入后，再边轧制边将两轧辊辊缝减小，以增加压下量。这种方法只能在压下装置能力足够大时才有可能采用。

C　强迫咬入

对轧件施加后推力或利用惯性力将轧件快速送向轧辊，轧件与轧辊发生碰撞而致使轧件前端被撞扁，实际咬入角减小，咬入得到改善。

7.9.3.2　增大接触面的摩擦系数来改善咬入

A　在辊面上刻痕或堆焊

通过在轧辊辊面上刻痕或堆焊，增加辊面的粗糙程度以提高摩擦系数。但此法可能在轧件上面留下凹凸不平的痕迹，以致产生折叠或裂纹等缺陷。所以此法仅在不影响成品质量的前提下才能使用。

B　清除炉生氧化铁皮

一般在热轧时的开始几道次，轧件表面有较厚的熔融的炉生氧化铁皮，使摩擦系数降低，咬入困难。实践证明，轧件表面的炉生氧化铁皮可使极限压下量减小 5% ~10%。此外，高温下轧件表面残留氧化皮常导致轧制时出现间断性打滑而使轧制不能正常进行。总之，热轧时轧件表面氧化铁皮既妨碍咬入或造成稳定轧制阶段的打滑，限制压下量提高，又使产品表面质量下降。因而清除炉生氧化铁皮是必要的。

C　低速咬入，高速轧制

轧制速度越低，摩擦系数越大，咬入越容易。因此，在可逆式轧机上，可采用低速咬钢以改善咬入，建立稳定轧制状态后，再提高轧制速度以保证轧机产量。

项目任务单

<table>
<tr><td rowspan="2">项目名称：
轧制过程基本问题</td><td>姓名</td><td></td><td>班级</td><td></td></tr>
<tr><td>日期</td><td></td><td>页数</td><td>共________页</td></tr>
</table>

一、填空

1. 轧制过程中，轧件承受轧辊作用发生变形的部分称为________变形区。
2. 轧制时，轧件与轧辊相接触的圆弧所对应的圆心角称为________。
3. 变形区长度是指变形区的________长度。
4. 轧制速度是轧件________的速度。
5. 接触面积是变形区的________面积。

二、选择

1. 轧制过程中辊径增大时咬入角就（　　）。
   A. 增大　　B. 不变　　C. 减小
2. 在热轧实际生产中，稳定轧制时的最大咬入角为（　　）。
   A. $(2\sim2.4)\beta$　　B. $(1.5\sim1.7)\beta$　　C. 2β
3. 当增大轧辊直径后，咬入角（　　），咬入更容易。
   A. 不变　　B. 减小　　C. 增大

三、判断

（　）1. 轧制时，如果 $\alpha\leqslant\beta$，则轧件就可以被轧辊咬入。
（　）2. 轧制速度就是轧制时与金属接触处的轧辊圆周速度。
（　）3. 当压下量一定时，轧辊直径愈大，轧件愈容易咬入。
（　）4. 轧制速度越快，轧件越容易被轧辊咬入。
（　）5. 轧制时压下量越大，则咬入角越大。
（　）6. 增加摩擦系数是改善咬入条件的唯一方法。
（　）7. 在稳定轧制阶段的最大允许咬入角比开始咬入时的咬入角大。
（　）8. 钢温越高越有利于咬入。
（　）9. 压下量大，轧件容易咬入。
（　）10. 轧辊转速越低，轧件咬入越容易。
（　）11. 工作直径是指轧制时与轧件接触处的轧辊直径。
（　）12. 变形速度就是工具的运动速度。
（　）13. 轧制时，若 $\varepsilon_1=20\%$、$\varepsilon_2=30\%$，则经此两道变形后的总变形程度为 50%。
（　）14. 金属材料在高向压下后，其质点都流向纵向，使轧件长度增加。
（　）15. 伸长率只能表示轧件长度方向的相对变形。

四、简答

1. 实际的轧制过程是相当复杂的。为简化轧制理论的研究，对轧制过程附加了一些假设条件，即简单轧制条件。这些假设条件中轧辊方面的条件有哪些？

项目名称： 轧制过程基本问题	姓名		班级	
	日期		页数	共________页

2. 在轧制过程中，为了改善咬入通常可以采用增大摩擦系数和利用剩余摩擦力的方法。试述改善咬入的具体方法。

五、计算

1. 将 $H=220\text{mm}$ 的轧件经一道次轧成 $h=150\text{mm}$，延伸系数 $\mu=1.35$，计算金属质点纵横流动比。

2. 用 120mm×120mm×12000mm 的坯料轧制 $\phi6.5\text{mm}$ 线材，平均延伸系数为 1.28，求总延伸系数是多少？共轧制多少道次？

3. 已知轧件轧前尺寸为 240mm×800mm×1000mm，压下量为 40mm，轧后坯料宽 820mm，求轧后轧件高度、长度、宽展量和延伸系数。

4. 在轧辊工作直径为 1000mm 的轧机上轧制 $H=400\text{mm}$ 的钢坯，摩擦系数 $f=0.5$。计算自然咬入时可能的最大咬入角及咬入条件限制的最大压下量。

检查情况		教师签名		完成时间	

项目8　轧制过程中的宽展

【项目提出】

宽展是轧制过程中的一种客观现象。轧制时，轧件的高度受到压缩而减小，变形金属质点除沿纵向流动而产生延伸变形以外，也沿横向流动成为宽展变形。

轧制中的宽展可能是希望的，也可能是不希望的，视轧制产品的断面特点而定。当从窄的坯料轧制成宽规格成品时希望有宽展，如用宽度较小的坯料轧成宽度较大的成品，则必须设法增大宽展。若是从大断面坯料轧成小断面成品时，不希望有宽展，因消耗于横变形的能量是多余的，在这种情况下，应该力求以最小的宽展轧制。不论在哪种情况下，希望或不希望有宽展，均必须掌握宽展变化规律及正确计算方法，在孔型中轧制时则更为重要。

【知识目标】

（1）掌握宽展的概念、意义及各因素对宽展的影响规律。

（2）熟悉计算公式，能正确计算宽展量。

【能力目标】

（1）会描述轧制时的宽展现象。

（2）能分析影响宽展的因素，具有产品宽度的调整与控制能力。

（3）能计算宽展量。

（4）能辨认自由宽展、限制宽展和强制宽展。

任务8.1　了解宽展的概念及种类

8.1.1　宽展及研究宽展的意义

轧制前、后轧件宽度之差的绝对值称为绝对宽展，简称宽展。用绝对宽展虽然不能正确反映变形的大小，但是由于它简单明确，在生产实践中得到极为广泛的应用。

了解并掌握宽展的变化规律，正确计算宽展的大小，具有重要的意义。例如在拟定轧制工艺制度时，要根据给定的坯料尺寸和压下量来计算轧制后的轧件断面尺寸，或根据轧后断面尺寸和压下量来选择坯料尺寸，都需要计算出宽展的大小。在孔型设计中，也必须正确计算出宽展量，否则，孔型不是欠充满就是过充满，如图8－1所示。若宽展考虑过大，大于了轧制时的实际宽展，可能使设计出的孔型宽度过大，轧制时孔型充满不良，造成轧件尺寸偏差过大、断面形状不正确，如图8－1(a)所示；若宽展考虑过小，小于了轧制时的实际宽展，轧制时就有可能出现孔型过充满形成“耳子”，如图 8－1(b) 所示。以上两种情况均可能造成轧制废品。因此，正确地估计宽展对提高产品质量、改善生产技术经济指标有着十分重要的作用。

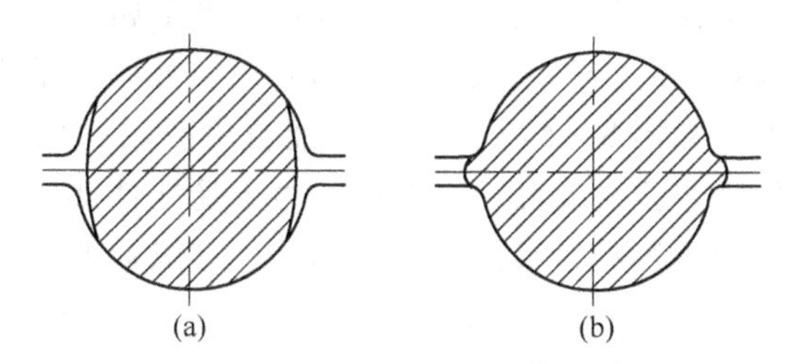

图 8－1　由于对宽展估计不准确产生的缺陷

（a）欠充满；（b）过充满

8.1.2　宽展的种类

根据轧制时金属沿横向流动的自由程度，宽展可分为以下三种类型：

（1）自由宽展。轧制过程中，金属质点的横向流动，除受摩擦阻力的作用外，不受其他任何阻碍和限制，这种情况下的宽展称为自由宽展。如图 8－2 所示，如在平辊上轧制扁钢、带钢，以及在宽度很大轧件不和侧壁接触的箱形孔中的轧制，都属于自由宽展的轧制。

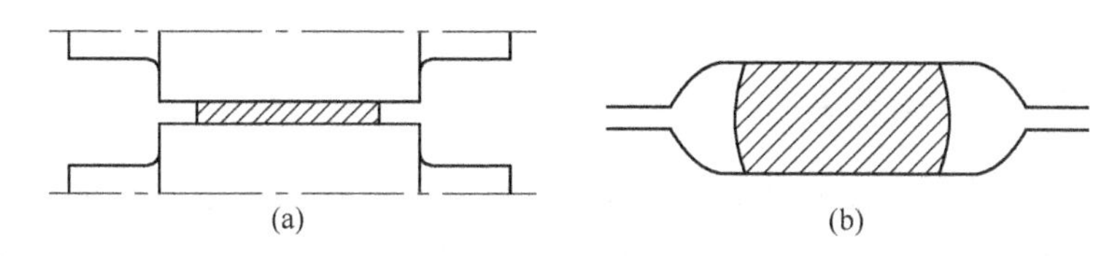

图 8－2　自由宽展

（a）平辊轧制；（b）扁平孔型中轧制

（2）限制宽展。轧件在轧制过程中，被压下的金属与孔型侧壁相接触，金属质点的横向流动，除受到摩擦阻力影响外，还受到孔型侧壁的限制，轧件轧制后的断面被迫取得孔型轮廓的形状，如图 8－3 所示。如在箱形孔型、闭口孔型中的轧制时，宽展均为限制宽展，这种情况下形成的宽展比自由宽展要小。在如图 8－4 所示采用斜配孔型中轧制时，宽展甚至可以为负值。

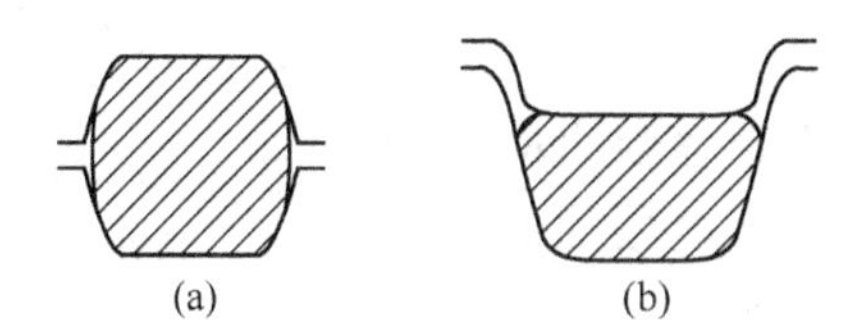

图 8－3　限制宽展

（a）开口孔型中轧制；（b）闭口孔型中轧制

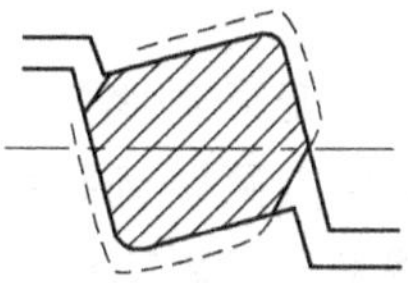

图 8－4　在斜配孔型中轧制

（3）强迫宽展。在凸形孔型中轧制时，轧件受到孔形凸峰的切展，或者在有强烈局部压缩的变形条件下，金属的横向流动受到强烈的推动，迫使轧件宽度增加，这种变形称为强迫宽展。这种变形条件下的宽展量要比自由宽展大。

图 8－5 表示强迫宽展的两种例子。当用宽度较小的坯料轧制较大的宽扁钢时，常采用如图 8－5(a) 所示的孔型。该孔型中部的压下量比两边的压下量大，因此延伸也大，但轧件是一个整体，是以平均延伸系数轧出孔型的，由于边部延伸小，中部延伸必然受到边部金属的限制和阻碍。根据体积不变定律，中部被压下金属的一部分将被迫流向宽度方向，使宽展增大而形成强迫宽展。利用强迫宽展的方法，可以采用小坯料轧制出较大宽度的扁钢。而对第二种情况，如图 8－5(b) 所示，能自由流动的两侧部分金属受到更大压缩，其自然延伸量大于轧件整体的实际延伸变形，由于受轧件整体性的限制，使两个边部被压缩的金属纵向流动变得不容易，被迫横向流动，也形成强迫宽展。

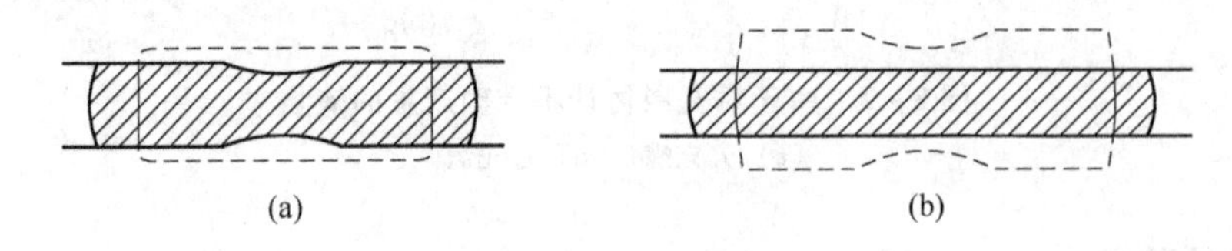

图 8－5　强迫宽展
(a) 强迫宽展例一；(b) 强迫宽展例二

在孔型轧制时，由于孔型侧壁的作用，宽度上压缩不均匀，金属的变形主要是限制宽展和强迫宽展两种情况。

8.1.3　宽展的组成

8.1.3.1　宽展在横断面高度上的组成

由于轧辊与轧件接触表面的摩擦，以及变形区几何形状和尺寸的影响，沿接触表面上金属质点的流动轨迹，与接触面附近区域和远离接触面的区域是不同的。一般由以下几部分组成：滑动宽展、翻平宽展和鼓形宽展，如图 8－6 所示。

A　滑动宽展

滑动宽展是变形金属与轧辊的接触面上，由于产生相对滑动而使轧件宽度增加的部分，用 Δb_1 表示。若轧件发生滑动宽展后的宽度为 B_1，则：

$$B_1 = B + \Delta b_1$$

式中　B——轧件原始宽度。

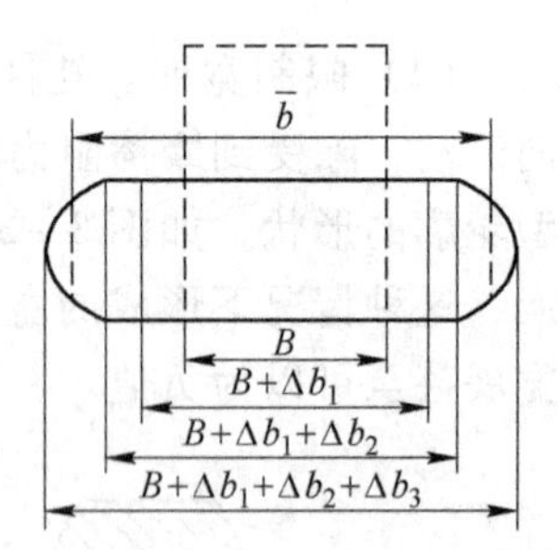

图 8－6　宽展在横断面高度上的组成

B　翻平宽展

翻平宽展是由于变形金属与工具接触表面摩擦阻力的作用，迫使轧件侧面金属质点翻转到接触表面使轧件宽度增加的部分，用 Δb_2 表示。若翻平宽展后轧件的宽度为 B_2，则：

$$B_2 = B_1 + \Delta b_2 = B + \Delta b_1 + \Delta b_2$$

C　鼓形宽展

鼓形宽展是由于轧件发生不均匀变形，其侧表面变成鼓形而形成的宽展量，用 Δb_3 表示。若鼓形宽展后轧件的宽度为 B_3，则

$$B_3 = B_2 + \Delta b_3 = B + \Delta b_1 + \Delta b_2 + \Delta b_3$$

一般理论上计算的宽展，是将轧制后的轧件横断面视为同一厚度的矩形件的宽度与原始宽度之差。即：

$$\Delta\bar{b} = \bar{b} - B \tag{8-1}$$

决定上述三种形式宽展大小的因素主要是接触表面的摩擦系数、变形区的几何参数、高向变形量的大小等。

若接触表面的摩擦系数 f 越大，引起不均匀变形越严重，则滑动宽展减小，翻平宽展和鼓形宽展增大。若轧件愈厚，变形区的几何参数 $l/\bar{h}$ 越小，黏着区增大，则宽展主要由翻平宽展和鼓形宽展组成。

8.1.3.2　宽展沿轧件宽度上的分布

宽展沿轧件宽度分布的理论，基本上有两种假说。第一种假说认为：宽展沿轧件宽度是均匀分布的。它建立在均匀变形的基础上，并考虑了外端的作用。因为变形区内金属与前后外端是紧密联系在一起的整体，当轧件在高度方向均匀压下时，由于外端对变形起均匀作用，使轧件沿长度方向上延伸均匀，根据体积不变定律，宽展也应是均匀的。如图 8-7 所示，如果在轧制前将轧件沿宽度方向分成若干个相等的部分，则在轧制后这些部分的宽度仍应相等。

在轧制宽而薄的板材时，因宽展很小，可以忽略不计，变形可以认为是均匀的；但在其他情况下，均匀假说与许多实际情况不相符，尤其对于窄而厚的轧件更不适应，因此这种假说是有局限性的。

第二种假说是变形区分区假说，如图 8-8 所示。根据最小阻力定律，可以把变形区分为 4 个区域。其中 1、2 两区为宽展区，它的金属质点往宽度方向流动，形成宽展；3、4 两区为前后延伸区，它的金属质点往长度方向流动，形成延伸。

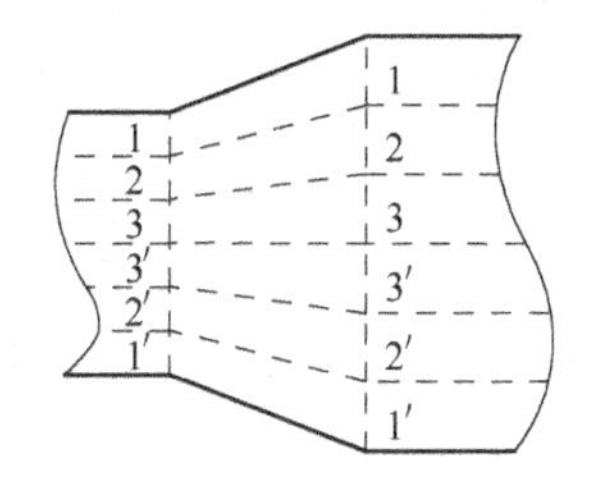

图 8-7　宽展沿宽度均匀分布

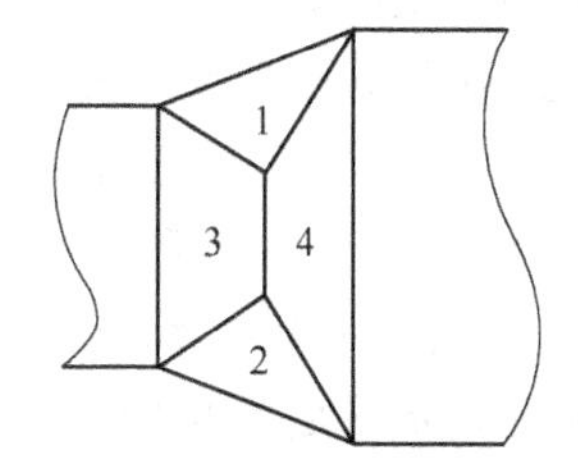

图 8-8　变形区分区

变形区分区假说也不完全准确，许多实验都证明变形区中金属质点的流动轨迹并不是严格按所画的区间流动。但它能定性描述变形时金属质点沿横向和纵向流动的总趋势，如宽展区在整个变形区中所占面积越大，宽展就越大，并且认为宽展主要产生于轧件边缘，这是符合实际的。

任务 8.2　宽展的组成分析

8.2.1　任务目标

（1）观察存在外摩擦条件下压缩圆柱体时金属变形的主要现象。

（2）观察镦粗时侧表面金属的翻平现象。

（3）观察镦粗时接触表面的黏着区，滑动区。

8.2.2　相关知识

8.2.2.1　圆柱形试件压缩变形时摩擦对变形分布的影响

对于平行平板间的镦粗，当接触表面上仅作用有垂直的正应力而无接触摩擦力时，试件内部各金属质点处于单向压应力状态，变形分布也必定是均匀的，即试件产生均匀变形。若试件是一矩形六面体，其变形后应仍保持为矩形六面体形状，若试件为一圆柱体，在均匀变形后仍将保持为圆柱体的形状，只是高度减小直径增加。

在接触面有摩擦存在时，由于摩擦力的作用，试件不再是单向压应力状态，并且试件的应力大小和变形不再均匀，且随试件高度与直径的比值 H/D 的不同而差别很大。

在粗糙的平板间镦粗比值 $H/D \leqslant 2$ 的试件时，由于摩擦力阻碍金属质点流动的结果，在变形体内将产生不均匀的三向压应力状态，并且随比值 H/D 的减小平均应力值不断增大。在靠近侧表面的局部区域内，受摩擦力的影响较小，由于受内层金属的径向挤压作用可能产生切向水平拉应力。

在镦粗试件时，情况又有所不同。在镦粗比值 $H/D>2$ 的试件时，除在接触表面附近区域内产生三向压应力状态外，在试件中部还可能保持单向均匀压缩应力状态。这是因为随离开接触面的距离增加，接触面摩擦力的影响不断减弱。

关于试件应变分布的实验研究可证实上述分析。对于在粗糙的平板间镦粗圆柱体试件时，当比值 $H/D<2$ 时，在试件中部出现凸肚，即所谓的单鼓形。试件变形后出现单鼓形是试件内部应力分布不均匀产生不均匀变形的标志。

在本次实验中，主要观察和分析高度和直径比值 $H/D<2$ 的情况。实验中采用几个尺寸相同的圆片叠成的圆柱体试件，如图8－9所示，进行压缩试验。变形前的平面为水平断面，变形后产生挠曲在接触表面附近挠曲度最大，随离开接触表面的距离增大而逐渐减小，并在距上下两接触面距离相等处水平面的挠曲为零，在接触表面下部区域的变形很小，通常称为难变形区（图8－9中区域Ⅰ）；在中部区域内的变形最显著，称为易变形区（图8－9中区域Ⅱ）；在外侧自由表面附近的环状区域内，由于所受端面摩擦力影响较小，近似于单向压缩，其变形主要是受到易变形区的扩张作用，变形程度居于其他两个变形区中间，称为自由变形区（图8－9中区域Ⅲ）。

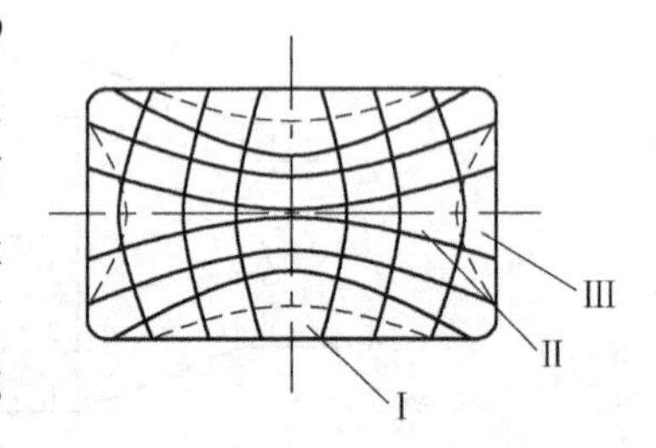

图8－9　薄件镦粗时变形情况

8.2.2.2　侧表面翻平现象

由于外摩擦引起的不均匀变形的另一个现象是侧表面金属局部转移到接触表面上来的翻平现象，它与形成鼓形有密切关系。在压缩端部涂墨的圆柱体试件时，变形后在其端部表面会出现无墨的新外环。

由此可见，变形时接触表面的增加，不仅是由于表面质点的移动，而且也是由侧表面金属质点翻平的结果。二者比例取决于变形条件，H/D 值越大，接触面摩擦系数越大，都有利于翻平量的增大。

8.2.2.3　滑动区与黏着区的分布

在压缩表面刻有坐标的圆柱体试件时，可以看到接触表面分为性质不同的区域。在接触表面边部的环形区域内，变形后坐标线之间的距离有所增加，这表明金属质点相对于工具有径向滑动，这个区域称为滑动区。在接触表面中部区域内，变形后坐标线之间距离基本没有变化，表明金属质点相对于工具表面没有径向滑动，这一区域称为黏着区。在这区域内，由于摩擦影响严重，接触表面上金属质点相对工具不产生滑动，好像彼此黏合在一起，实际上是接触面附近的金属由于受到很大的外摩擦阻力而难以产生塑性变形。显然，黏着区的大小在很大程度上依赖于接触表面摩擦系数的大小。此外，它还与变形区的几何因素有关。

8.2.3　实验器材

（1）液压式万能材料试验机。

（2）游标卡尺。

（3）铅试样。

8.2.4　任务实施

8.2.4.1　圆柱形试件压缩变形时外摩擦对变形分布的影响

A　实验准备

取五个 $D=25\text{mm}$、$H=10\text{mm}$ 的圆柱体铅试件，叠起来组成一个 $D=25\text{mm}$、$H=50\text{mm}$ 的圆柱体，在压力试验机上进行压缩变形，当变形量达到 30% 时，停止压缩，取出试样，观察变形后的形状，并测量每个小圆柱体试件边缘和中心尺寸的变化。

中心处的高度变化：　$$\varepsilon_i' = \frac{H-h_i}{H}\times 100\%$$

边缘处的高度变化：　$$\varepsilon_i'' = \frac{H-h_i''}{H}\times 100\%$$

式中　H——试件原始高度；

h_i'，h_i''——变形后各块小试件中心和边缘处的高度，$i=1\sim5$。

B　实验操作步骤

（1）准备好工具和试件，测量每个试件的原始尺寸。

（2）将 5 个试件叠起来并做好标记，放在压力机上进行压缩变形，直至相对压下量达到 30% 为止。

（3）取出试件，观察变形后的形状，并测量各个小圆柱体试件变形后的中心高度 h_i' 和边缘高度 h_i''。

（4）计算各个小圆柱试件变形后的中心高度变化 ε_i' 和边缘高度变化 ε_i''。

（5）将上述测得数据和计算数据填入表 8－1 中。

8.2.4.2　侧表面翻平现象的观察

A　实验准备

取一个 $D=25\mathrm{mm}$、$H=50\mathrm{mm}$ 圆柱体试件，在试件一端均匀涂以墨汁，待墨汁干后，将试件上下端面各放一块粗糙压板放置于压力机中央进行压缩。

B　实验操作步骤

每次取 $\varepsilon=30\%$ 的变形量压 5 ~ 6 次，每压缩一次后用游标卡尺测量出变形后接触表面和涂墨面的直径。为准确起见，可取数个尺寸的平均值，并将数据填入表 8 - 2 中，在第二次压缩前重新把整个接触面均匀涂墨汁，待干后再进行第二次压缩。每次压缩前都重复上述步骤。

8.2.4.3　滑动区与黏着区的观察

A　实验准备

（1）取一个 $D=25\mathrm{mm}$、$H=10\mathrm{mm}$ 的圆柱体铅试件，在其端面上刻痕如图 8 - 10 所示，每两道刻痕之间的间距为 1mm。

（2）测量试件原始高度及刻痕间距（借助显微镜或高倍放大镜）。

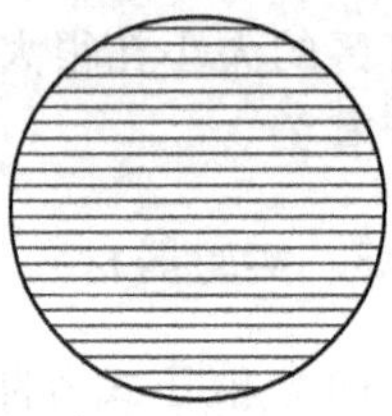

图 8 - 10　试件接触面上刻痕示意图

B　实验操作步骤

（1）将试件放置于液压式万能材料试验机上进行压缩，变形量约 30% 左右。

（2）将压缩以后的试件从压力机取出后测量刻痕间距尺寸。

（3）根据测量结果找出黏着区与滑动区的大致范围。

8.2.5　工作任务单

学生依据实验手册的要求及操作步骤，在教师的指导下完成本工作任务，并填写任务单。

工作任务单

<table>
<tr><td rowspan="2">任务名称</td><td rowspan="2">宽展的组成测定</td><td>姓名</td><td></td><td>班级</td><td></td></tr>
<tr><td>小组成员</td><td colspan="3"></td></tr>
<tr><td>具体任务</td><td colspan="5">1. 分析外摩擦对变形分布的影响；
2. 观察侧表面翻平现象；
3. 观察滑动区与黏着区。</td></tr>
<tr><td colspan="6">一、知识要点
1. 外摩擦对不均匀变形的影响。

2. 宽展沿横断面高度上的组成及其影响因素。

</td></tr>
</table>

任务名称	宽展的组成测定	姓名		班级	
		小组成员			

二、实验数据记录

表 8－1　外摩擦对变形分布的影响实验数据记录

序号	变形前高度 H/mm	变形后高度 h/mm		中心高度变化 ε_i'	边缘高度变化 ε_i''
		中心高度 h_i'	边缘高度 h_i''		
1					
2					
3					
4					
5					

表 8－2　侧表面翻平现象观察实验数据记录

试件高度	鼓形处最大直径	接触面直径 $d_{接}$	涂墨面直径 $d_{涂}$	$\delta_{滑}=(d_{涂}-d_{原})/2$	$\delta_{翻}=(d_{接}-d_{涂})/2$
$h_0=$					
$h_1=$					
$h_2=$					
$h_3=$					
$h_4=$					

$\delta_{滑}$——接触面滑动所引起的表面增量；$\delta_{翻}$——侧表面局部转移到接触面上来的增量。

滑动区与黏着区观察实验记录：

观察试件接触面上刻痕的变形情况，划分出黏着区、滑动区的范围，并将变形前后的坐标刻痕描绘下来。

三、训练与思考

1. 圆柱体镦粗时的不均匀变形的原因。

2. 滑动、翻平量的大小与变形区形状参数 H/D 的关系。

<table>
<tr><td rowspan="2">任务名称</td><td rowspan="2">宽展的组成测定</td><td>姓名</td><td></td><td>班级</td><td></td></tr>
<tr><td>小组成员</td><td colspan="3"></td></tr>
</table>

四、检查与评估

1. 检查实验完成情况；
2. 根据实验过程中的自我表现，对自己的工作情况进行自我评估，并总结改进意见；
3. 教师对小组工作情况进行评估，并进行点评；
4. 教师、各小组、学生个人对本次的评价给出量化。

考核项目	评分标准	分数	学生自评	小组评价	教师评价	备注
安全生产	有无安全隐患	10				
活动情况	积极主动	5				
团队协作	和谐愉快	5				
现场5S	做到	10				
劳动纪律	严格遵守	5				
工量具使用	规范、标准	10				
操作过程	规范、正确	50				
实验报告书写	认真、规范	5				
总　分						
教师签名：　　年　月　日				总　评		

任务 8.3　熟悉影响宽展的因素

影响宽展的因素可归结为两类。一类是表示变形区特征的几何因素，如轧件宽度、高度、轧辊直径、变形区长度等；另一类是影响变形区作用力的物理因素，如摩擦系数、轧制温度、变形速度、金属的化学成分等。几何因素和物理因素的综合影响，不只限于应力状态，同时涉及轧件纵向和横向变形的特征。

轧制时高向压下的金属体积如何分配给延伸和宽展，受最小阻力定律和体积不变定律的支配。由体积不变定律可知，轧件在高度方向压缩的位移体积应等于宽度方向和延伸方向增加的体积之和。而高度方向位移体积有多少分配于宽度方向，则受到最小阻力定律的制约。若金属横向流动阻力较小，大量金属质点向横向流动，则宽展较大；反之，若纵向流动阻力较小，则金属质点大量纵向流动而造成宽展减小。

下面对简单轧制条件下影响宽展的主要因素进行分析。

8.3.1　压下量对宽展的影响

随压下量增加，宽展量也增加。这是因为随高向位移体积增大，宽度方向和长度方向位移体积都应增大，宽展自然应该增加。此外，随压下量增大，变形区长度增大，金属纵向流动所受到的摩擦阻力增大，根据最小阻力定律，金属质点沿横向流动应变得更容易，因而宽展也应增加。

8.3.2　轧辊直径对宽展的影响

随轧辊直径增大，宽展量增大。这是因为随轧辊直径增大，变形区长度增加，金属纵向流动受到的摩擦阻力增大，根据最小阻力定律，此时宽展应增加，相应的延伸变形应减少。

8.3.3　轧件宽度对宽展的影响

如图 8－11 所示，轧件宽度小于某一定值时，随轧件宽度的增加宽展增加；超过一定宽度之后，随轧件宽度的继续增加而宽展减小，且以后不再对宽展发生影响；当轧件宽度很大时，宽展很小，约为 0，即出现平面变状况。

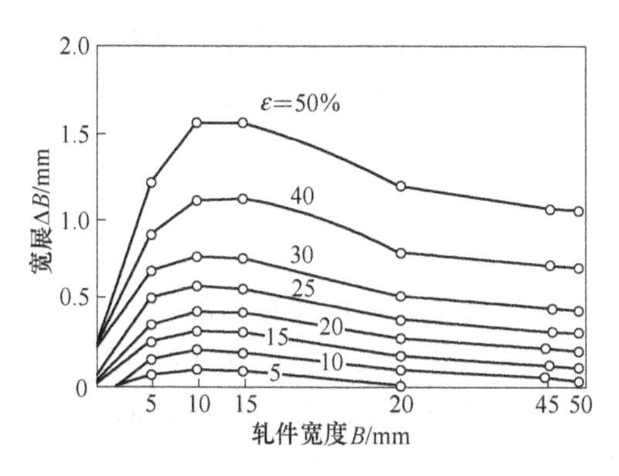

图 8－11　轧件宽度与宽展的关系

宽展随轧件宽度变化而变化的规律，其实质可作如下说明：

根据最小阻力定律，可将变形区分成 4 个区域。即两个延伸区和两个宽展区，如图 8－12 所示。假设变形区长度一定，当轧件宽度由 $B_1 < l$ 增加到 $B_2 = l$ 时，由图 8－12 可以看出，$F_2 > F_1$，说明宽展区增大了，因而宽展也增大；当轧件宽度由 $B_2 = l$ 增加到 $B_3 > l$ 时，由图 8－12 可以看出，$F_3 = F_2$，即宽展区大小不再变化，因而宽展量也不再增加。

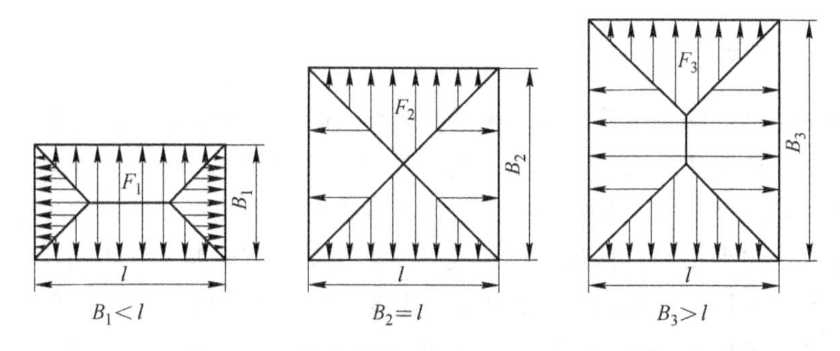

图 8－12　轧件宽度对宽展区、前滑区的影响

至于轧件宽度超过一定值后，宽展随轧件宽度增加而减小的现象，可以这样理解。一方面，变形区长度增加，纵向流动阻力增加，横向流动变得更容易，宽展增加；另一方

面，变形区平均平均宽度增加，横向流动阻力增加，宽展减小。因此，可以认为宽展与变形区长度成正比，而与变形区平均宽度成反比，即：

$$\Delta b \propto l/\bar{B} = \frac{2\sqrt{R \cdot \Delta h}}{B + b}$$

由此可得，轧件宽度增加，宽展增加，当轧件宽度很大时，宽展量趋近于 0。

8.3.4　摩擦系数对宽展的影响

实验证明，当其他条件相同时，随摩擦系数增加，宽展增加。如图 8－13 所示中的实验曲线也反映出在压下量相同时，粗糙辊面轧辊轧制时的宽展要比光面轧辊轧制时的宽展量大。

前面内容已经述及摩擦系数除与轧辊材质、辊面光洁度有关外，还与轧制温度、轧制速度、润滑状况及轧件化学成分等因素有关。凡是影响摩擦系数的因素，都会对宽展产生影响。

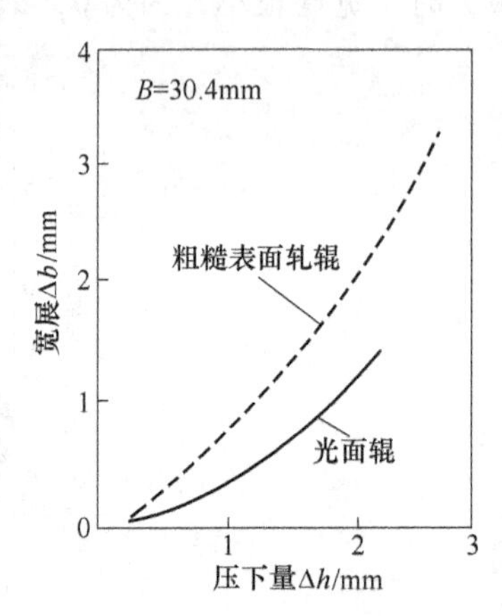

图 8－13　宽展量随压下量、辊面状况而变化的关系曲线

8.3.4.1　轧辊材质的影响

钢轧辊的摩擦系数要比铸铁轧辊大，因而在钢轧辊上轧制时的宽展比在铸铁辊上轧制时的要大。所以在实际生产中，若把在铸铁轧辊孔型中轧制合适的轧件用在同样的钢轧辊孔型上轧制，有可能会产生过充满现象。

8.3.4.2　轧制温度的影响

图 8－14 所示为轧制温度对宽展影响的实测曲线，由图可以看出，有氧化铁皮的轧件宽展量远大于无氧化铁皮轧件的宽展量，而且在温度较低时，随着轧制温度的升高，氧化铁皮数量增多，摩擦系数增大，宽展量增大；在高温阶段（大约 1100℃以上），由于氧化铁皮熔融，起润滑作用，使摩擦系数降低，因此随温度升高，宽展急剧降低。而对无氧化铁皮的轧件，在高温时宽展无明显降低。

8.3.4.3　轧制速度的影响

轧制速度对宽展的影响也是通过摩擦系数起作用的。根据实验，在轧辊直径为 340mm 的二辊式轧机上，轧制速度在 0.3～7m/s 的范围内，将宽度为 40mm、高度不同的成组试件，在套管中加热，并一起拿到轧机前，去掉套管进行一道轧制，轧后高度保持 10mm 不变。使每次轧制的温度相同，都是 1000℃左右，而压下量和轧制速度不同。则可以得到在某一压下量下轧制速度与宽展的关系曲线，如图 8－15 所示。从图中可以看出，在所有压下量条件下，轧制速度由 1m/s 到 2m/s，宽展量有最大值，当轧制速度大于 3m/s 时，曲线保持水平位置，即轧制速度提高，宽展保持恒定。这与轧制速度对摩擦系数的影响的变化趋势是一致的。

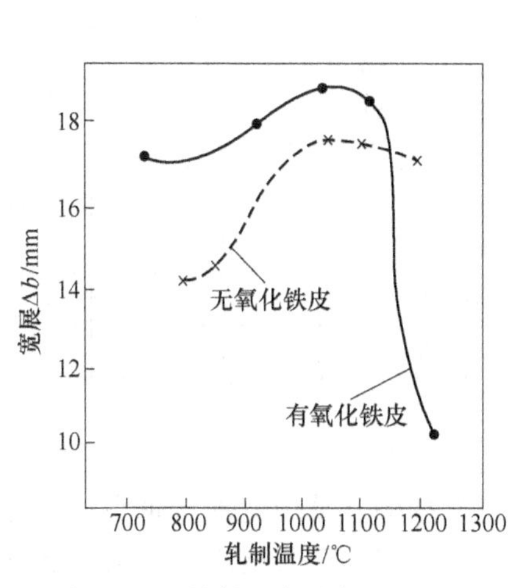

图 8－14　轧制温度对宽展的影响

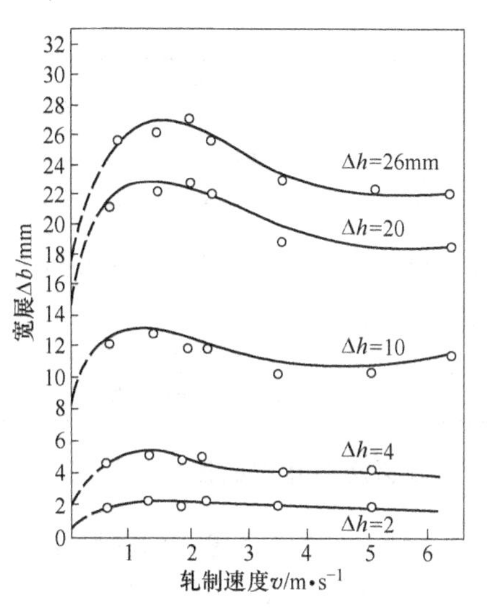

图 8－15　宽展与轧制速度的关系

8.3.4.4　金属化学成分的影响

金属的化学成分主要是通过外摩擦系数的变化来影响宽展的。

热轧金属及合金的摩擦系数所以不同，主要是由于其氧化铁皮的结构及物理机械性质不同。例如，当轧制铬钢和铬镍钢时，轧件表面形成一层干的、塑性很小的氧化层，而在轧制含硫易切削钢时，由于硫高，高温时生成氧化铁皮层是熔化的液体状。因而轧制铬钢和铬镍钢时较轧制含硫易切削钢时的摩擦系数大。

轧制型钢时，一般具有以下特点：所有加入钢中的成分，如果是提高氧化铁皮软化点和熔化温度的元素，都使宽展增加。反之，则使宽展减小。

Ю. М. 齐西柯夫做了各种化学成分及组织的钢种实验，所得结果列入表 8－3 中，从表中可以看出，合金钢的宽展比碳素钢的宽展大。

按一般公式计算出的宽展，很少考虑合金元素的影响，为了计算合金钢轧制时的宽展，必须将按一般公式计算所得的宽展量乘以表 8－3 中的影响系数 m，即：

$$\Delta b_{合} = m \cdot \Delta b_{计} \qquad (8-2)$$

式中　$\Delta b_{计}$——按一般公式计算的宽展量；

$\Delta b_{合}$——所计算的合金钢的宽展量；

m——考虑合金元素影响宽展的系数。

表 8－3　钢的成分对宽展的影响系数

组别	钢　种	钢　号	影响系数 m	平均值
Ⅰ	普碳钢	10	1.0	
Ⅱ	珠光体－马氏体钢（珠光体钢、珠光体－马氏体钢、马氏体钢）	T7A	1.24	1.25～1.32
		GCr15	1.29	
		16Mn	1.29	
		4Cr13	1.33	
		38CrMoAl	1.35	
		4Cr10Si2Mo	1.35	

续表 8 - 3

组别	钢 种	钢 号	影响系数 m	平均值
Ⅲ	奥氏体钢	4Cr14Ni14W2Mo 2Cr13Ni4Mn9	1.36 1.42	1.35 ~ 1.40
Ⅳ	带残余相的奥氏体（铁素体、莱氏体）钢	1CrNi9Ti 3Cr18Ni25Si2 1Cr23Ni13	1.44 1.44 1.53	1.40 ~ 1.50
Ⅴ	铁素体钢	1Cr17Al5	1.55	
Ⅵ	带有碳化物的奥氏体钢	Cr15Ni60	1.62	

8.3.5 轧制道次对宽展的影响

实验证明，在总压下量相同的情况下，轧制道次越多，总的宽展量越小。因为用较多道次轧制时，每一道次的压下量均较小，压下量小时，变形区长度小，金属质点纵向流动的阻力较小，将有更多金属质点沿纵向流动，使延伸变形增大，这样必然导致宽展减小。

8.3.6 前、后张力对宽展的影响

实验证明，宽展随后张力的增大而减小，前张力对宽展影响很小。这是因为轧制时压缩变形主要产生在后滑区。图 8 - 16 表示了在 ϕ300 轧机上轧制焊管坯的轧制条件下，后张力对宽展的影响曲线。图中的纵坐标 $C = \Delta b/\Delta b_0$，Δb 为有后张力时的实际宽展量，Δb_0 为无张力时的宽展量。横坐标为 q_H/K，其中 q_H 为轧件入口断面上的单位后张力，K 为平面变形抗力，$K = 1.15\sigma_s$，由图可知，当后张力 $q_H = 0.5K$ 时，宽展为零。这是因为后张力促使金属质点纵向流动，使延伸增大，宽展必然减小。

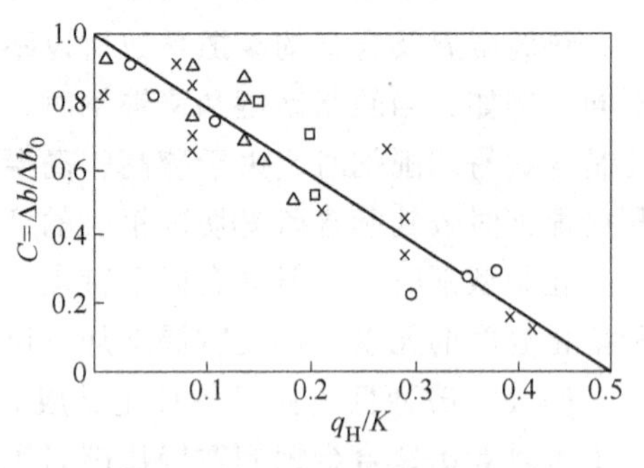

图 8 - 16 后张力对宽展的影响

8.3.7 技能训练实际案例

在下列几种情况下轧制型钢时，分析孔型充满情况将如何变化？

（1）轧制温度较正常情况降低 50℃；

（2）把辊径为 500mm 的轧机上轧制成功的孔形照搬到辊径为 800mm 的轧机上；

（3）把在同一轧机上轧制低碳钢合适的孔形用来轧制高合金钢；

（4）轧辊由锻钢改为铸铁，孔形尺寸不变；

（5）沿轧辊轴线在槽底堆焊。

结论及分析过程：

（1）充满度增大。

分析：温度降低，摩擦系数增大，宽展量增加，轧件轧后宽度增大，充满度增大。

（2）充满度增大。

分析：辊径增加，变形区长度增大，金属质点纵向流动阻力增大，延伸量减小，宽展

量增加，轧件轧后宽度增大，充满度增大。

（3）充满度增大。

分析：轧制合金钢比轧制低碳钢的宽展量大，所以轧件轧后宽度增大，充满度增大。

（4）充满度降低。

分析：轧辊由锻钢改为铸铁，摩擦系数减小，宽展量减小，轧件轧后宽度减小，充满度降低。

（5）充满度增大。

分析：沿轧辊轴线在槽底堆焊，金属质点纵向流动阻力增大，延伸量减小，宽展量增加，轧件轧后宽度增大，充满度增大。

任务 8.4　宽展影响因素分析

8.4.1　任务目标

（1）验证轧件宽度、轧制道次、摩擦系数对宽展的影响。

（2）了解轧制过程中宽展沿轧件宽度上的分布。

（3）正确、规范操作轧机。

（4）熟悉实验操作方法，安全文明操作。

8.4.2　相关知识

宽展的变化与一系列轧制因素构成复杂关系。它除与变形区的高度、变形区长度、变形区宽度和轧辊直径有关外，还与压下量、摩擦系数、轧制温度、金属化学成分、轧制速度等因素有关。

轧制时高向压缩的金属移位体积如何分配到长度和宽度方向，受体积不变条件和最小阻力定律的支配。最小阻力定律常近似表达为最短法线定则，即变形内金属总是沿自由周边的最短法线方向流动。在轧件宽度、压下量和接触面摩擦相同的情况下，若变形区长度增大，金属质点纵向流动阻力增加，向宽度方向流动的金属质点增多，因而宽展增加；反之，宽展减小。

在变形区长度，压下量及摩擦系数一定的情况下，当轧件宽度大约小于变形区长度的一半时，随轧件宽度增大，宽展区增大，因而宽展加大。在轧件宽度大于变形区长度一半的情况下，轧件宽度增加，宽展区在整个变形区中所占比例减小，$\Delta B/B$ 逐渐减小；同时，在外区作用下，两边宽展区的金属也因纵向附加拉应力作用而更易于沿纵向流动。所以总的说来，随着宽度增加，宽展是减小的。在一般情况下，轧件宽度均大于变形区长度的一半，所以平时观察到的，都是宽展随轧件宽度增加而减小。

随着压下量的增加，不仅使分配到横向变形的金属移位体积增大，Δb 增大；同时，压下量增加使变形区形状参数 l/h 也增加，即使纵向流动阻力增加，金属沿横向流动趋势增大，宽展增大。

摩擦系数对宽展和延伸都有影响，但由于变形区形状不同，变形区长度与宽度的比值不同，对宽展和延伸的影响将有所不同，一般说来，变形区长度总是小于变形区宽度，根据最小阻力定律，延伸区总大于宽展区。当摩擦系数增大时，对延伸区的影响更大。即当摩擦系数增加时，虽然金属质点纵向流动阻力和横向流动阻力都增加，但纵向流动阻力的增加更大，故使宽展增加。

8.4.3 实验器材

(1) ϕ130 实验轧机。

(2) 游标卡尺。

(3) 铅试件。

8.4.4 任务实施

8.4.4.1 轧件宽度对宽展的影响

A 实验准备

准备四块铅试件，尺寸分别为：

5mm × 15mm × 100mm、5mm × 25mm × 100mm、5mm × 35mm × 100mm、5mm × 45mm × 100mm。

B 实验操作

(1) 首先测量各试件的原始厚度和宽度。

(2) 以 $\Delta h = 2$mm 的压下量各轧一道。

(3) 测量轧后四个试样横断面的厚度与宽度，各选四处测量尺寸，取平均值。

(4) 将所得数据填入表 8-4 中。

8.4.4.2 压下量及轧制道次对宽展的影响

A 实验准备

准备两块铅试件，尺寸为 8mm × 20mm × 100mm。

B 实验操作

(1) 用木槌将其中一块试件的头部砸扁，以利于在更大压下量时也能咬入；用 $\Delta h = 4$mm 的压下量轧一道，测取轧件轧后宽度，计算出 Δb；将数据填入表 8-5 中。

(2) 对另一块试件以每道 1mm 的压下量连续轧四道，测量每道轧后的宽度，并计算 Δb，记入表 8-6 中；比较当 $\Delta h = C$（常数）时，变形程度 ε 对宽展的影响。

(3) 比较分 4 道轧制、总压下量为 4mm 的第二块试件总宽展量与第一块试件轧一道次轧制压下量为 4mm 的宽展量的大小。

8.4.4.3 摩擦系数对宽展的影响

A 实验准备

准备两块铅试件，尺寸为 5mm × 30mm × 100mm。

B 实验操作

(1) 轧辊表面涂润滑油，将一块试件以 $\Delta h = 1.5$mm 的压下量轧一道，测量轧后轧件宽度并计算宽展量。

（2）轧辊表面涂以粉笔灰，将另一块试件以 $\Delta h=1.5\text{mm}$ 的压下量轧一道，测量轧后轧件宽度并计算宽展量。

（3）将数据记入表 8 – 7 中，比较两种不同摩擦条件下的宽展量。

8.4.5 工作任务单

学生依据实验手册的要求及操作步骤，在教师的指导下完成本工作任务，并填写任务单。

工作任务单

<table>
<tr><td rowspan="2">任务名称</td><td rowspan="2">宽展影响因素</td><td>姓　名</td><td></td><td>班级</td><td></td></tr>
<tr><td>小组成员</td><td colspan="3"></td></tr>
<tr><td>具体任务</td><td colspan="5">分析比较轧件宽度、轧制道次、摩擦系数对宽展的影响。</td></tr>
<tr><td colspan="6">一、知识要点
1. 宽展的概念及研究宽展的意义。

2. 影响宽展的因素。

</td></tr>
</table>

二、实验数据记录

表 8 – 4 轧件宽度对宽展的影响实验数据记录表

试件	轧前尺寸/mm		轧后宽度/mm					轧后厚度/mm					Δh /mm	Δb /mm
	H	B	b_1	b_2	b_3	b_4	平均宽度	h_1	h_2	h_3	h_4	平均厚度		
1														
2														
3														
4														

表 8 – 5 压下量及轧制道次对宽展的影响实验数据记录表

试件号	轧制道次	轧前尺寸/mm		轧后尺寸/mm		Δh_{Σ}/mm	Δb_{Σ}/mm
		H	B	h	b		
1	1						
2	4						

任务名称	宽展影响因素	姓 名		班级	
		小组成员			

表 8－6 轧制道次对宽展的影响实验数据记录表

第一道				第二道				第三道				第四道			
h_1	b_1	ε_1	Δb_1	h_2	b_2	ε_2	Δb_2	h_3	b_3	ε_3	Δb_3	h_4	b_4	ε_4	Δb_4

表 8－7 摩擦系数对宽展的影响实验数据记录表

辊面涂油/mm					辊面涂粉笔灰/mm				
H	B	h	b	Δb	H	B	h	b	Δb

三、训练与思考

1. 讨论不同轧制条件对宽展的影响规律。

2. 在 $\Delta h = C$ 的情况下，相对压下量对 Δb 的影响，用坐标图说明其影响的规律。

四、检查与评估

1. 检查实验完成情况；
2. 根据实验过程中的自我表现，对自己的工作情况进行自我评估，并总结改进意见；
3. 教师对小组工作情况进行评估，并进行点评；
4. 教师、各小组、学生个人对本次的评价给出量化。

考核项目	评分标准	分数	学生自评	小组评价	教师评价	备注
安全生产	有无安全隐患	10				
活动情况	积极主动	5				
团队协作	和谐愉快	5				
现场 5S	做到	10				
劳动纪律	严格遵守	5				
工量具使用	规范、标准	10				
操作过程	规范、正确	50				
实验报告书写	认真、规范	5				
总 分						
教师签名： 年 月 日				总 评		

任务 8.5 宽展的计算

由于影响宽展的因素很多，一般的公式中很难把所有的影响因素全部考虑进去，甚至一些主要因素也很难考虑得很正确。下面介绍的几种计算宽展的公式，多是根据一定的试验条件总结出来的，所以公式的应用是有条件的，并且计算是近似的。

8.5.1 若兹公式

德国学者若兹根据实际经验提出如下计算宽展的公式：

$$\Delta b = k \cdot \Delta h \tag{8-3}$$

式中 k——宽展指数，可以根据现场经验数据选用。

如：热轧低碳钢（1000～1150℃），$k=0.31 \sim 0.35$；

热轧合金钢或高碳钢，$k=0.45$。

在轧制普通碳素钢时，由于采用的孔型不同，k 的取值范围见表 8－8。

表 8－8 不同条件下的宽展指数

轧 机	孔型形状	方轧件边长	宽展指数 k 值
中小型开坯机	扁平箱形孔型		0.15～0.35
	立箱形孔型		0.20～0.25
	共轭平箱孔型		0.20～0.35
小型初轧机	方轧件进六角孔型	>40	0.5～0.7
		<40	0.65～1.0
	菱形轧件进方形孔型		0.20～0.35
	方轧件进菱形孔型		0.25～0.40
中小型轧机及线材轧机	方轧件进椭圆孔型	6～9	1.4～2.2
		9～14	1.2～1.6
		14～20	0.9～1.3
		20～30	0.7～1.1
		30～40	0.5～0.9
	圆轧件进椭圆孔型		0.4～1.2
	椭圆轧件进方孔型		0.4～0.6
	椭圆轧件进圆孔型		0.2～0.4

若兹公式只考虑了绝对压下量的影响，因此是近似计算，局限性较大。但形式简单，使用方便，所以在生产中应用较多。

8.5.2 巴赫契诺夫公式

在轧件宽度 $B>2l$（变形区长度）时，可按巴赫契诺夫公式计算宽展量：

$$\Delta b = 1.15\frac{\Delta h}{2H}\left(\sqrt{R \cdot \Delta h} - \frac{\Delta h}{2f}\right) \tag{8-4}$$

式中 f——摩擦系数，可按艾克隆德摩擦系数公式计算；

R——轧辊工作半径；

H，Δh——轧件轧前厚度和压下量。

巴赫契诺夫公式考虑了摩擦系数、相对压下量、变形区长度及轧辊形状对宽展的影响。用巴赫契诺夫公式计算平辊轧制和箱形孔型中的自由宽展可以得到与实际相接近的结果，因此可用于实际变形计算中。

8.5.3　彼德诺夫－齐别尔公式

在轧件宽度 B 大于轧件厚度 H 时，也可用彼德诺夫－齐别尔公式计算宽展量：

$$\Delta b = c\frac{\Delta h}{H}\sqrt{R\Delta h} \tag{8-5}$$

式中，c 为实际导出的系数，一般为 0.35～0.45。在温度高于 1000℃ 时或轧制软钢时取 $c=0.35$，在温度低于 1000℃ 或轧制较硬的钢时 $c=0.45$。

8.5.4　艾克隆德公式

$$\Delta b = \sqrt{A^2 + B^2 + 4m(3H-h)\sqrt{R\Delta h}} - A - B \tag{8-6}$$

式中　$m=\dfrac{1.6f\sqrt{R\cdot\Delta h}-1.2\Delta h}{H+h}$；

$A=2m(H+h)\dfrac{\sqrt{R\Delta h}}{B}$；

B——轧件轧前宽度。

艾克隆德公式考虑的因素比较全面，适用范围较大，计算结果也比较符合实际，但计算较复杂。

8.5.5　技能训练实际案例

已知轧前轧件断面尺寸为 $H\times B=100\text{mm}\times200\text{mm}$，轧后厚度 $h=70\text{mm}$，轧辊材质为铸钢，工作直径为 650mm，轧制速度 $v=4\text{m/s}$，轧制温度 $t=1100$℃，轧件材质为低碳钢，计算该道次的宽展量。

解：

(1) 计算摩擦系数。

轧辊材质为铸钢，$K_1=1$；

由 $v=4\text{m/s}$，查图 3－5 得 $K_2\approx0.8$；

轧件材质为低碳钢，$K_3=1$。

故

$$f = K_1K_2K_3(1.05-0.0005t) = 1\times0.8\times1\times(1.05-0.0005\times1100) = 0.4$$

(2) 计算压下量及变形区长度。

$$\Delta h = H-h = 100-70 = 30\text{mm}$$

$$l=\sqrt{R\Delta h}=\sqrt{\frac{650}{2}\times30}=98.7\text{mm}$$

(3) 按若兹公式计算宽展量。

因轧制温度较高，轧件材质又是低碳钢，取 $k=0.35$。

故

$$\Delta b = k\Delta h = 0.35\times30 = 10.5\text{mm}。$$

(4) 按巴赫契诺夫公式计算宽展量。

$$\Delta b = 1.15\frac{\Delta h}{2H}\left(\sqrt{R\cdot\Delta h}-\frac{\Delta h}{2f}\right) = 1.15\times\frac{30}{2\times100}\times\left(98.7-\frac{30}{2\times0.4}\right) = 10.6\text{mm}$$

（5）按彼德诺夫－齐别尔公式计算宽展量。

因 $t>1000℃$，又是低碳钢，取系数 $c=0.35$，

$$\Delta b = c\frac{\Delta h}{H}\sqrt{R\cdot\Delta h} = 0.35\times\frac{30}{100}\times 98.7 = 10.4\text{mm}$$

（6）按艾克隆德公式计算宽展量。

$$m = \frac{1.6f\sqrt{R\cdot\Delta h}-1.2\Delta h}{H+h} = \frac{1.6\times 0.4\times 98.7-1.2\times 30}{100+70} = 0.16$$

$$A = 2m(H+h)\frac{\sqrt{R\Delta h}}{B} = 2\times 0.16\times(100+70)\times\frac{98.7}{200}\approx 26.85$$

$$\begin{aligned}\Delta b &= \sqrt{A^2+B^2+4m(3H-h)\sqrt{R\Delta h}}-A-B \\ &= \sqrt{26.85^2+200^2+4\times 0.16\times(3\times 100-70)\times 98.7}-26.85-200 \\ &\approx 8.2\text{mm}\end{aligned}$$

项目任务单

<table>
<tr><td rowspan="2">项目名称：
轧制过程中的宽展</td><td>姓名</td><td></td><td>班级</td><td></td></tr>
<tr><td>日期</td><td></td><td>页数</td><td>共________页</td></tr>
</table>

一、填空

1. 宽展是变形前后轧件宽度之差的________。
2. 轧制过程中，若金属质点的横向流动只受摩擦阻力的作用，则这情况下的宽展称为________。
3. 根据金属横向流动的________程度，可将宽展分为自由宽展、限制宽展、强制宽展。

二、判断

（ ）1. 轧件宽度增加，宽展量增大。

（ ）2. 在板带钢轧制时，前后张力的加大，使宽展减小。

（ ）3. 宽展随轧辊与轧件间摩擦系数的增加而增加。

（ ）4. 在其他条件不变的情况下，随着轧辊直径的增加，宽展值加大。

（ ）5. 坯料宽度是影响宽展的主要因素。

三、单项选择

1. 轧制时当压下量增加，其他条件不变时，轧件的宽展将（ ）。
   A. 增加　B. 不变　C. 减小
2. 按金属质点横向流动的自由程度，孔形中轧制时的宽展常为（ ）。
   A. 自由宽展　B. 限制宽展　C. 强迫宽展
3. 总压下量和其他工艺条件相同，采用下列（ ）的方式自由宽展总量最大。
   A. 轧制 4 道次　B. 轧制 6 道次　C. 轧制 8 道次
4. 轧制过程中外摩擦力增大将使轧件的（ ）减小。
   A. 滑动宽展　B. 翻平宽展　C. 鼓形宽展
5. 影响宽展的主要因素是（ ）。
   A. 摩擦系数　B. 压下量　C. 轧件温度
6. 在轧件宽度较小时，轧件宽度增大，宽展将随之（ ）。
   A. 增加　B. 不变　C. 减小
7. 在轧制过程中，钢坯在平辊上轧制时，其宽展属于（ ）。
   A. 自由宽展　B. 强迫宽展　C. 约束宽展

检查情况		教师签名		完成时间	

项目9 轧制过程中的前滑与后滑

【项目提出】

前滑也是轧制过程中的一种客观现象。轧制时，在剩余摩擦力的作用下，轧件前端的金属获得加速，使金属质点流动速度加快，当在变形区内金属前端速度超过轧辊水平速度时就形成前滑。

由于轧制时有前滑现象存在，使轧制过程复杂化。此时轧件的出口速度并不等于轧辊的圆周速度。而在连轧生产和纵向周期断面型材生产时，合理确定轧件出口速度是保证轧制过程正常进行和保证产品质量的重要条件。因此，了解和掌握前滑同时了解后滑的变化规律、正确计算前滑的数值，不仅具有重要理论意义，而且也是生产实践的需要。

【知识目标】

(1) 掌握前滑的实质及前滑区、后滑区、中性角的概念。
(2) 掌握各因素对前滑的影响规律。
(3) 了解前滑的测定方法及其应用。
(4) 熟悉前滑与中性角计算公式。
(5) 了解连轧常数与前滑的关系。

【能力目标】

(1) 会描述轧制时的前滑现象。
(2) 能解释轧制时的前滑现象。
(3) 能分析影响前滑的因素。
(4) 能计算前滑值。
(5) 能识别前滑区、后滑区。

任务9.1 认知前滑与后滑

9.1.1 前滑的产生

轧制过程中，金属质点产生前滑和后滑的原因可通过图9-1所示的几种情况来理解。图9-1(a) 所示是金属在平板间压缩的情况。假设上下接触面上单位压力和单位摩擦力均匀分布，则根据最小阻力定律知，在高向压缩力的作用下，金属发生塑性变形时，其质点除了一部分向横向流动外还有一部分要向左和向右流动，且向两侧流动的金属质点数目相同，左右对称截面相对于工具不发生位移。

图 9－1(b) 所示是金属在斜板间压缩的情形。金属变形时质点也要向左右两侧流动，但由于斜板作用于金属上的作用力在水平方向的分力与左侧金属质点的流动方向相同，与右侧金属质点的流动方向相反，所以金属质点向左流动所受的阻力减小，向右流动的金属质点所受阻力增大，结果向左流动的质点数目增多，向右流动的质点数目减少。

图 9－1(c) 所示为金属在轧辊间轧制的情况。假设轧辊直径为无穷大，则接触弧 AB、$A'B'$可以看作直线，金属在两轧辊间的变形就如同斜板压缩。因此，可以推断，变形区内金属质点除了一部分横向流动形成宽展外，还有一部分要向左（入口侧）和向右（出口侧）流动的两部分。其中 $CBB'C'$区域的质点相对于轧辊辊面向出口侧流动，流动方向与轧件前进方向一致，这就形成了前滑；$ACC'A'$区域的质点相对于轧辊辊面向入口侧流动，流动方向与轧件前进方向相反，这就形成了后滑。

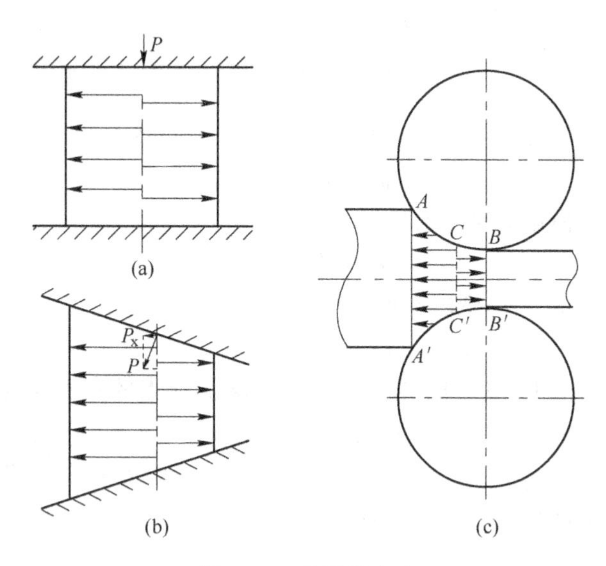

图 9－1　前滑的产生

（a）平板压缩；（b）斜板压缩；（c）轧制

9.1.2　前滑与后滑

前滑是金属质点相对于轧辊辊面向出口侧流动的现象，金属质点相对于轧辊辊面向出口侧流动的区域即发生前滑的区域称为前滑区；金属质点相对于轧辊辊面向入口侧流动的现象称为后滑，金属质点相对于轧辊辊面向入口侧流动的区域即发生后滑的区域称为后滑区。

在前滑区与后滑区的分界面上，金属质点与轧辊辊面没有相对滑动，这个断面称为中性面或中立面。中性面与出口面之间的弧长所对应的轧辊圆心角或者说前滑区对应的圆心角称为中性角，通常用 γ 表示。

实际轧制中，轧辊是旋转的，整个轧件都将随轧辊一起向前运动，如图 9－2 所示。假设变形区内各横断面上变形均匀、水平运动速度相等。则根据体积不变条件，轧件在单位时间内通过变形区内任一横截面的金属体积应该相等。即：

$$HBv_{\mathrm{H}} = h_{\gamma}b_{\gamma}v_{\gamma} = hbv_{\mathrm{h}} \tag{9-1}$$

式中　H，h_{γ}，h——入口断面、中性面、出口断面处轧件高度；

B，b_γ，b——入口断面、中性面、出口断面处轧件宽度；

v_H，v_γ，v_h——入口断面、中性面、出口断面处轧件水平速度。

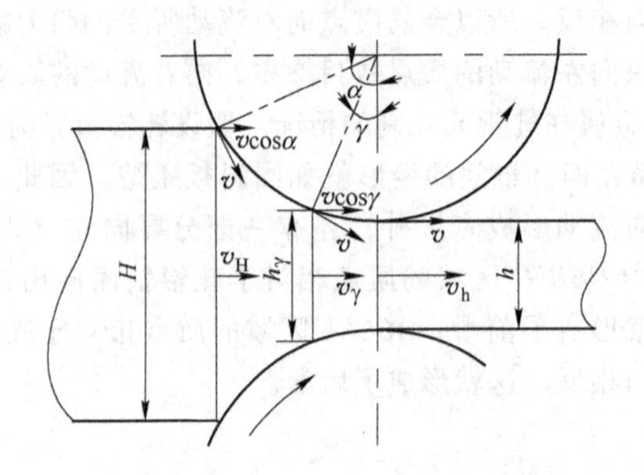

图 9－2　变形区内金属流动速度与轧辊水平速度

若不考虑宽展，即认为 $B=b_\gamma=b$，则式（9－1）可以改写成：

$$Hv_H = h_\gamma v_\gamma = hv_h \tag{9-2}$$

轧件在变形区内各横截面厚度的关系为：

$$H > h_\gamma > h \tag{9-3}$$

比较式（9－2）和式（9－3）不难得出：

$$v_H < v_\gamma < v_h \tag{9-4}$$

考虑到金属质点的前滑和后滑，在出口断面上金属质点的水平流动速度大于轧辊辊面的圆周线速度，即：$v_h > v$；而在入口断面上，金属质点的水平流动速度小于轧辊辊面圆周线速度的水平分速度，即 $v_H < v\cos\alpha$；在中性面处，金属质点的水平流动速度与轧辊辊面圆周线速度的水平分速度相等，$v_\gamma = v\cos\gamma$。

9.1.3　前、后滑的表示方法

前滑与后滑的大小分别用前滑值和后滑值表示。

前滑值等于轧件出口速度与轧辊圆周线速度之差和轧辊圆周线速度的百分比值：

$$s_h = \frac{v_h - v}{v} \times 100\% = \frac{v_h}{v} - 1 \tag{9-5}$$

轧件的出口速度与轧辊的圆周速度之比 v_h/v 称为前滑系数，用 K 表示。一般情况下，$K=1.03 \sim 1.06$；个别情况下，$K=1.10 \sim 1.20$。这样，$s_h = K-1$ 或 $K = s_h + 1$。

后滑值等于入口断面处轧辊圆周速度的水平分量与轧件入口速度之差和轧辊圆周速度水平分量的比值百分数表示：

$$s_H = \frac{v\cos\alpha - v_H}{v\cos\alpha} \times 100\% \tag{9-6}$$

9.1.4　前滑在生产中的应用

前滑在实际生产及理论研究中具有很重要的意义。在连轧生产中，各轧机的辊速和轧件的速度是不一样的。在调整轧机速度时，如果未考虑前滑或估计过小，则下一台轧机的速度就显然不够大，从而造成二台轧机之间堆钢，轧件松弛，引起轧制故障；如果调整轧机时，估计前滑值过大，则因为后一台轧机的速度较前一台轧机速度大，可能出现轧件被拉断的现象。在活套轧制时，为了确定活套的长度，必须正确估计钢的前滑值。估计太小，则活套增长，引起打结或事故，使生产不能正常进行；估计太大，轧件也有被拉断的危险。周期断面轧件的生产也要求正确计算轧件的前滑值，用来作为孔型设计的依据，否则就不能精确地保证产品的断面形状和尺寸。此外，研究外摩擦阻力时也需要考虑前滑值。

9.1.5　前滑值的测定

如果将式（9－5）中的分子和分母同乘以时间 t，则得：

$$s_h = \frac{v_h \cdot t - v \cdot t}{v \cdot t} = \frac{L_h - L}{L} \times 100\% \tag{9-7}$$

式中　L_h——在时间 t 内轧出的轧件长度；

L——在时间 t 内轧辊表面任一点所转过的辊面长度。

如果事先在轧辊表面一个圆周上刻出距离为 L 的两个小坑，如图 9－3 所示，则轧制后在轧件表面测出对应两个凸起之间的距离 L_h，即可用式（9－7）计算出轧制时的前滑值。若热轧时测出轧件的冷尺寸，则可用下式换算成轧件的热尺寸：

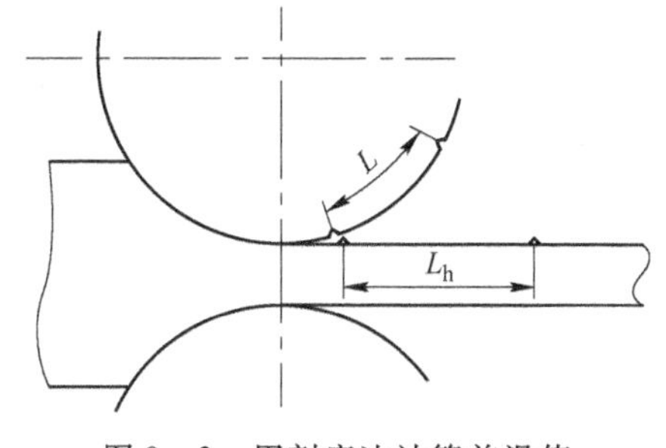

图 9－3　用刻痕法计算前滑值

$$L_h = L'_h[1 + \alpha(t_1 - t_2)] \tag{9-8}$$

式中　L'_h，L_h——轧件的冷、热尺寸；

α——轧件的热膨胀系数，可按表 9－1 确定；

t_1，t_2——轧件轧制时的温度和测量时的温度。

表 9－1　碳钢的热膨胀系数

温度/℃	热膨胀系数	温度/℃	热膨胀系数
0～1200	$(15.0 \sim 20.0) \times 10^{-6}$	0～800	$(13.5 \sim 17.0) \times 10^{-6}$
0～1000	$(13.3 \sim 17.5) \times 10^{-6}$		

任务 9.2　前滑值的计算

9.2.1　芬克公式

式（9－5）是前滑值的定义表达式，它没有反映出前滑值与轧制参数的关系，因此无法在已知各轧制参数的条件下计算前滑值。

假设金属变形是均匀的，在变形区内任意横断面上金属质点的运动速度是相同的，并且认为宽展很小，可以忽略。由式（9－2）得：

$$h_\gamma V_\gamma = h_\gamma v \cos\gamma = h V_h \tag{9-9}$$

则：

$$\frac{v_h}{v} = \frac{h_\gamma \cos\gamma}{h} \tag{9-10}$$

参照式（7－1）得中性面到出口处的压下量为：

$$h_\gamma - h = D(1 - \cos\gamma)$$

所以：

$$h_\gamma = D(1 - \cos\gamma) + h \tag{9-11}$$

将式（9－10）、式（9－11）代入前滑定义式（9－5）整理后得：

$$s_h = \frac{(1 - \cos\gamma)(D\cos\gamma - h)}{h} \tag{9-12}$$

此式即为芬克前滑公式。

9.2.2　艾克隆德公式

当 γ 角很小时，可以认为：

$$\cos\gamma \approx 1,\ 1 - \cos\gamma = 2\sin^2\frac{\gamma}{2} \approx 2\left(\frac{\gamma}{2}\right)^2 = \frac{\gamma^2}{2}$$

则式（9－12）可简化为：

$$s_h = \frac{\gamma^2}{2} \cdot \left(\frac{D}{h} - 1\right) \tag{9-13}$$

此式即为艾克隆德前滑公式。

9.2.3　德列斯登公式

若轧件很薄，可认为：

$$\frac{D}{h} \gg 1, \frac{D}{h} - 1 \approx D/h$$

则式（9－13）又可简化为：

$$s_h = \frac{R}{h} \cdot \gamma^2 \tag{9-14}$$

此式即为德列斯顿前滑公式。

应特别指出，在用式(9－13)、式(9－14）计算前滑值时，中性角 γ 一定要用弧度值。

前面推导的是基本不考虑宽展时计算前滑值的近似公式。当存在宽展时，实际所得的前滑值将小于上述公式所得的结果。

9.2.4　技能训练实际案例

【案例1】若轧辊圆周速度为3m/s，轧件入辊速度为2m/s，延伸系数为1.8，计算前滑值（忽略宽展）。

解：

根据体积不变定律可得：　$\eta = \omega \times \mu$

若忽略宽展，则　$\omega = b/B = 1$

则：　$\eta = H/h = \omega \times \mu = 1 \times 1.8 = 1.8$

若单位时间内，经过入口断面和出口断面的金属体积相等，则：$HV_H = hV_h$

所以：

$$v_h = \frac{H}{h} \times v_H = 1.8 \times 2 = 3.6\text{m/s}$$

则：

$$s_h = \frac{v_h - v}{v} \times 100\% = \frac{3.6 - 3}{3} \times 100\% = 20\%$$

【案例 2】 某热连轧机精轧机组成品轧机 $F6$ 工作辊由于掉肉导致成品出现凸起缺陷。已知 $F6$ 轧机的上下工作辊直径为 700mm，轧件出口厚度为 6.0mm，中性角 $\gamma = 2°$。计算成品带钢上两个相邻的凸起之间的距离 L_h（忽略宽展及温度变化引起的热胀冷缩）。

解：

按德列斯顿公式计算前滑值：

$$s_h = \frac{R}{h} \cdot \gamma^2 = \frac{700/2}{6} \times \left(2 \times \frac{3.14}{180}\right)^2 \approx 7.1\%$$

由公式

$$s_h = \frac{L_h - L}{L} \times 100\%$$

得

$$L_h = (1 + s_h) \times L = (1 + 7.1\%) \times 3.14 \times 700 \approx 2354\text{mm}$$

任务 9.3　中性角的确定

9.3.1　基本假设

采用前滑公式计算前滑值时，除要求轧件厚度、轧辊直径等原始数据外，还必须事先已知中性角的数值。

为了能比较简单地得到中性角的计算公式，首先作如下假设：

（1）咬入弧上单位压力均匀分布，其合力作用在咬入弧中点。

（2）接触面上全部为滑动区，并且接触面上各点的摩擦系数相同。

（3）轧件的宽展很小，可以忽略。

（4）认为轧制过程中金属在变形区内运动是均匀的，惯性力为零，金属在外力作用下处于平衡状态。

9.3.2　法因别尔格公式

当轧件完全进入变形区后，由假设（1）可知，轧辊对轧件正压力的合力 P 作用于咬入弧的中点 $\alpha/2$ 处；由假设（2）知，单位面积上的摩擦力 t 均匀分布，后滑及前滑区的摩擦力的合力 T_1、T_2 分别作用于后滑区、前滑区的中点，即 $(\alpha + \gamma)/2$ 和 $\gamma/2$ 处如图 9 - 4 所示。

当轧件在变形区前后分别作用有前、后张力 Q_h、Q_H 时，根据假设（4）知：

$$\Sigma X = 2T_{1x} - 2P_x - 2T_{2x} + Q_h - Q_H = 0 \qquad (9-15)$$

式中　T_{1x}——后滑区摩擦力的水平分量；

T_{2x}——前滑区摩擦力的水平分量；

P_x——轧辊对轧件正压力的水平分量。

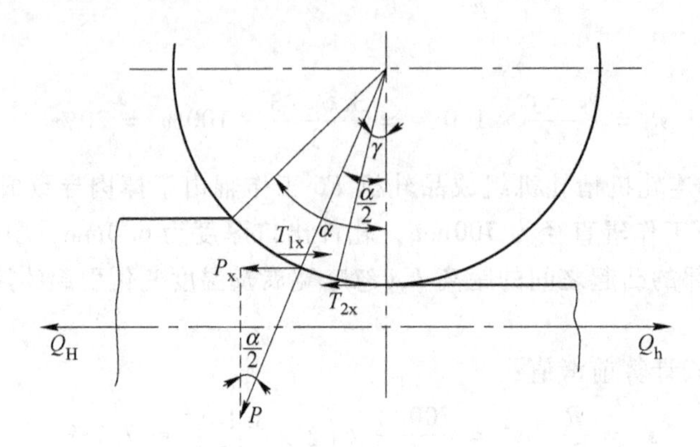

图 9－4　作用于轧件上的水平力示意图

式（9－15）在经过一系列推导和简化后可得计算中性角的法因别尔格公式：

$$\gamma = \frac{\alpha}{2}\left[1 - \frac{1}{2\beta}\left(\alpha - \frac{Q_h - Q_H}{P}\right)\right] \qquad (9-16)$$

式中　α，β，γ——咬入角、摩擦角、中性角；

Q_h，Q_H——前张力、后张力；

P——轧制压力。

9.3.3　巴浦洛夫公式

当 $Q_h = Q_H$ 或 $Q_h = Q_H = 0$ 时，式（9－16）可简化为：

$$\gamma = \frac{\alpha}{2}\left(1 - \frac{\alpha}{2\beta}\right)$$

此式即为计算中性角的巴甫洛夫三特征角公式。

由式（9－16）可知，当摩擦系数 f(或摩擦角 β) 为常数时，γ 与 α 的关系为抛物线方程，如图 9－5 所示。当 $\alpha = 0$ 或 $\alpha = 2\beta$ 时，$\gamma = 0$。实际上，当 $\alpha = 2\beta$ 时，因变形区全部为后滑区，轧件向入口方向打滑，轧制过程已不能进行下去了。

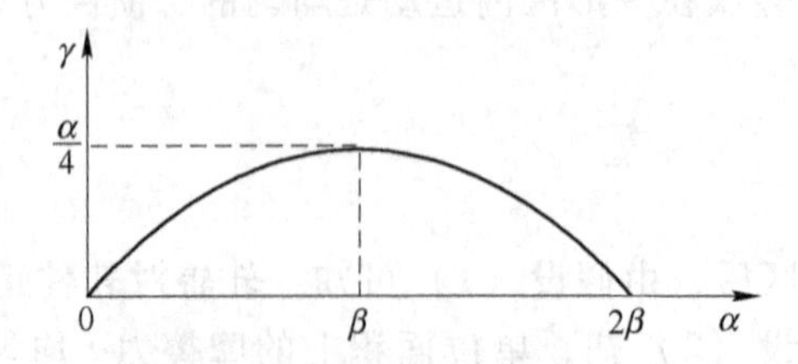

图 9－5　中性角 γ 与 α、β 的关系

通过对式（9－16）求导得：

$$\frac{d\gamma}{d\alpha} = \frac{1}{2} - \frac{2\alpha}{4\beta}$$

因此可得，当$\frac{d\gamma}{d\alpha}=0$即$\alpha=\beta$时，中性角有最大值：

$$\gamma_{max}=\frac{\beta}{4}=\frac{\alpha}{4}$$

9.3.4 技能训练实际案例

【案例1】 在$D=650$mm、材质为铸铁的轧辊上，将$H=100$mm的低碳钢轧成$h=70$mm的轧件，轧辊圆周速度为$v=2$m/s，轧制温度$t=1100$℃，计算此时的前滑值。

解：

（1）计算咬入角。

$$\Delta h=H-h=100-70=30$$

$$\alpha=\arccos\left(1-\frac{\Delta h}{D}\right)=\arccos\left(1-\frac{30}{650}\right)=17.5°=0.31\text{rad}$$

（2）计算摩擦角。

由计算摩擦系数的艾克隆德公式，按已知条件查得：

$$K_1=0.8,\ K_2=K_3=1$$

计算摩擦系数得：

$$f=K_1K_2K_3(1.05-0.0005t)=0.8\times1\times1\times(1.05-0.0005\times1100)=0.4$$

摩擦角为：

$$\beta=\arctan f=\arctan0.4=21.8°=0.38\text{rad}$$

（3）计算中性角。

$$\gamma=\frac{\alpha}{2}\left(1-\frac{\alpha}{2\beta}\right)=\frac{0.31}{2}\times\left(1-\frac{0.31}{2\times0.38}\right)\approx0.09\text{rad}$$

（4）计算前滑值。

用芬克公式计算：

$$s_h=\frac{(1-\cos\gamma)(D\cos\gamma-h)}{h}=\frac{(1-\cos0.09)(650\times\cos0.09-70)}{70}\approx3.34\%$$

用艾克隆德公式计算：

$$s_h=\frac{\gamma^2}{2}\cdot\left(\frac{D}{h}-1\right)=\frac{0.09^2}{2}\times\left(\frac{650}{70}-1\right)\approx3.36\%$$

用德列斯登公式计算：

$$s_h=\frac{R}{h}\cdot\gamma^2=\frac{650}{2\times70}\times0.09^2\approx3.76\%$$

【案例2】 在轧辊直径$D=400$mm的轧机上，将$H=10$mm的带坯经一道次轧成$h=7$mm的带钢。此时用辊面刻痕法测得前滑值为7.5%，计算该轧制条件的摩擦系数。

解：

（1）由艾克隆德前滑公式计算中性角。

$$\gamma=\sqrt{\frac{2s_h}{\frac{D}{h}-1}}=\sqrt{\frac{2\times7.5\%}{\frac{400}{7}-1}}\approx0.05\text{rad}$$

（2）计算咬入角。

$$\alpha = \arccos\left(1 - \frac{\Delta h}{D}\right) = \arccos\left(1 - \frac{3}{400}\right) \approx 7.02° \approx 0.12\text{rad}$$

（3）计算摩擦角。

由式（9 – 16）可得：

$$\beta = \frac{1}{4}\left[\frac{\alpha^2}{\frac{\alpha}{2} - \gamma}\right] = \frac{1}{4} \times \left[\frac{0.12^2}{\frac{0.12}{2} - 0.05}\right] \approx 0.36$$

即：
$$f = \tan\beta \approx \beta = 0.36$$

任务 9.4　熟悉影响前滑的因素

前滑与后滑的本质都是金属质点相对于轧辊辊面的相对移动。当延伸变形一定时，若前滑值增大，则后滑值相应减小。实验证明，轧辊直径、相对压下量、轧件厚度、摩擦系数、轧件宽度、张力等都对前滑产生影响。

9.4.1　轧辊直径对前滑的影响

图 9 – 6 表示了轧辊直径对前滑影响的试验结果：前滑值随轧辊直径增大而增大。在该试验条件下，当 $D < 400$mm 时，辊径对前滑的影响很大；当 $D > 400$mm 时，随辊径增加，前滑值增加的速度减慢。

由中性角公式移项可得：

$$\frac{\gamma}{\alpha} = \frac{1}{2}\left(1 - \frac{\alpha}{2\beta}\right) \qquad (9-17)$$

随辊径增大，咬入角 α 减小，则 γ/α 值增大，即前滑区在变形区中所占比例加大，必然引起前滑值增大。

但因辊径增加伴随着轧制速度增大，摩擦系数随之减小，会导致前滑区在变形区中所占比例减小；同时，辊径增大时宽展增大，相应延伸变形减小。由这两个因素共同作用，使前滑增加速度放慢。

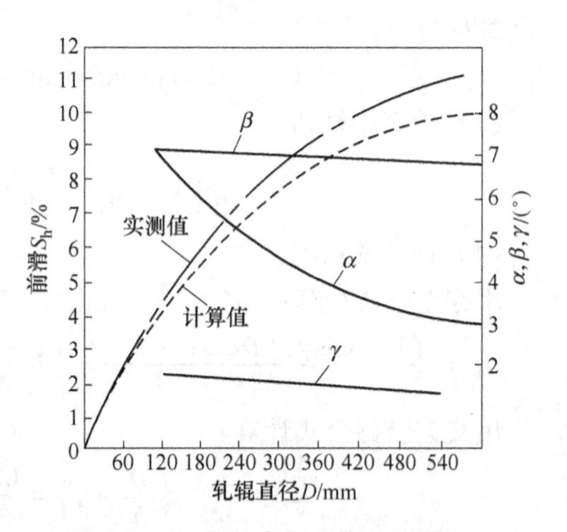

图 9 – 6　轧辊直径对前滑的影响

9.4.2　摩擦系数对前滑的影响

实验证明，轧件的前滑值随摩擦系数的降低而急剧下降，摩擦系数越大，前滑值也越大，如图 9 – 7 所示。

由式（9 – 17）知，随摩擦系数增大，摩擦角增大，前滑区在变形区中所占比例增大，即前滑值增加。

很多试验都证明，凡是影响摩擦系数的因素，如轧辊材质、轧件化学成分、轧制速度、轧制温度等，都能影响前滑值的大小。如在钢的热轧温度范围内，随温度降低，摩擦

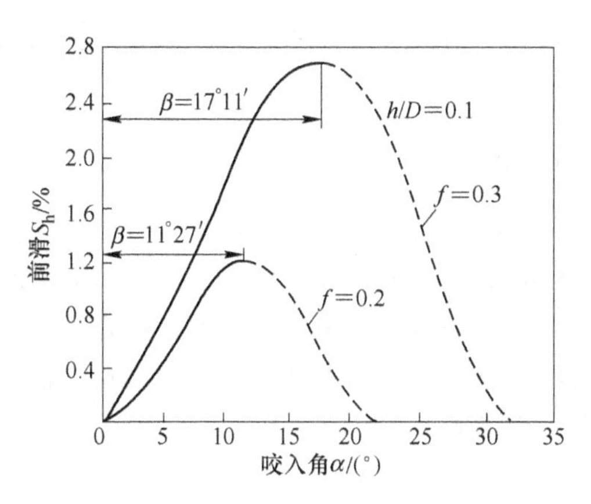

图 9－7　前滑与摩擦系数的关系

系数增大，前滑值相应增大。

9.4.3　变形程度对前滑的影响

变形程度增大，前滑值增大，如图 9－8 所示。这是因为变形程度增大，促使延伸变形相应增大，而延伸变形由前滑和后滑组成，所以，前滑值、后滑值都增大。

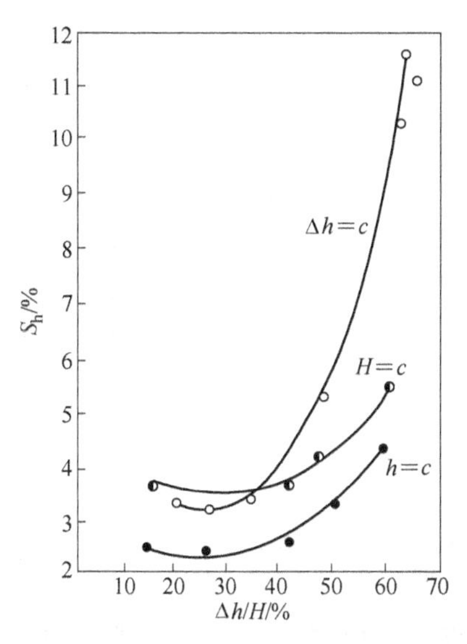

图 9－8　相对压下量对前滑的影响

图 9－8 中的曲线以 Δh 为常数时，前滑值的增加最为显著。因为在 Δh 为常数时，变形程度的增加是靠减小轧件厚度来完成的，而咬入角并不变化，使 γ/α 值不变化，即前滑区、后滑区在变形区中所占的比例不变，前滑值、后滑值均以同样比例增大。当轧件厚度不变时，变形程度的增加是由增大 Δh 即增大咬入角 α 的途径完成的，此时 γ/α 值将减小，随延伸变形增加，后滑值将增大更多，而前滑值增大速度放慢。

9.4.4　轧件厚度对前滑的影响

当轧件厚度 h 减小时，前滑值增大。因为不论是轧前厚度不变或压下量不变，轧后厚度减小都意味着变形程度增大，前滑值必然增大，因而轧件厚度对前滑的影响实质上可归结为变形程度对前滑的影响。

9.4.5　轧件宽度对前滑的影响

用厚度相同、宽度不同的一组铅试件，在 $\Delta h = 1.2\text{mm}$ 的试验条件下测定其前滑值，所得的实验结果如图 9 - 9 所示。由图可见，当宽度小于一定值时，随宽度增加，前滑值增加；当宽度超过此值后继续增加时，前滑不再增加。这是因为，当宽度较小时，随宽度增加，延伸变形增加，使前滑增大；而当宽度大于一定值后，随宽度增加，宽展不变，延伸也为定值，前滑值当然不再增大。

9.4.6　张力对前滑的影响

实验证明，前张力增加时，使前滑值增加，后滑值减小；后张力增加时，使后滑值增加，前滑值减小。这是因为，前张力增加时，金属向出口方向流动的阻力减小，前滑值增大。图 9 - 10 表示的结果是在辊径 $D = 200\text{mm}$ 的轧机上，用 $\Delta h = 0.44\text{mm}$ 的压下量轧制不同厚度的铅轧件时，分别在有张力和无张力两种试验条件下得出的。由图可见，有张力时的前滑值明显增大。

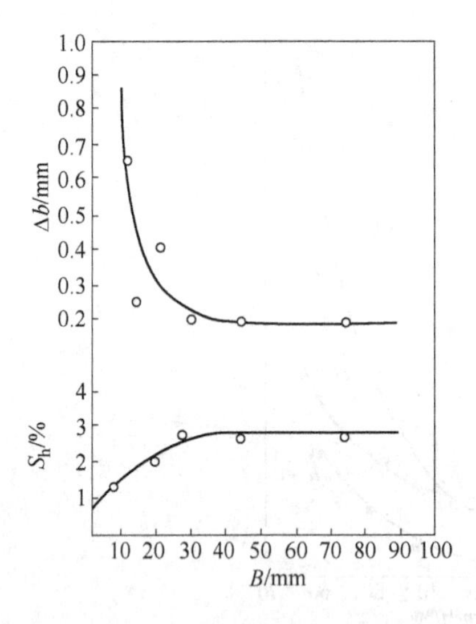

图 9 - 9　轧件宽度对前滑的影响

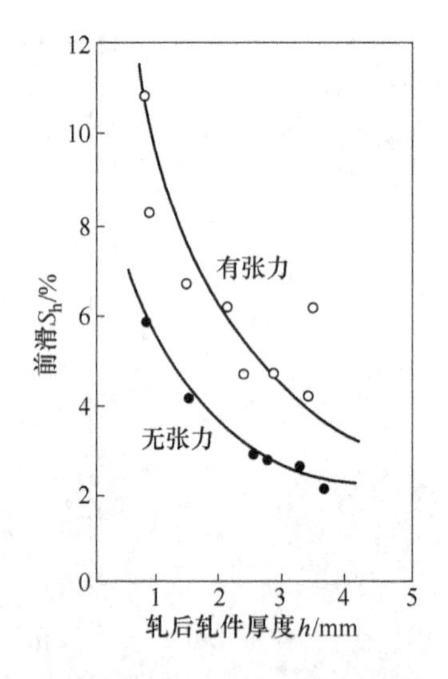

图 9 - 10　张力对前滑的影响

任务 9.5　前滑值的测定

9.5.1　任务目标

（1）通过实验观察前滑现象并测出铅试件在轧制时的前滑值。

（2）正确、规范操作轧机。

（3）熟悉实验操作方法，安全文明操作。

9.5.2 相关知识

轧制过程运动学条件的宏观表现是轧件水平运动速度与轧辊辊面圆周速度水平分量之间存在差值，这就是前滑和后滑现象。轧件出口速度与轧辊出口端处的圆周速度之差和轧辊圆周速度之比就称为前滑。前滑可以通过辊面刻痕法来测量，即在轧辊辊面上沿轧制线刻上两个小坑，其距离为 L，轧件轧后将留下刻痕痕迹，其间距为 L_h，按式（9-7）即求出此轧制条件下的前滑值。

9.5.3 实验器材

（1）ϕ130 实验轧机。

（2）游标卡尺。

（3）铅试件。

9.5.4 任务实施

9.5.4.1 不同摩擦条件下前滑值的测定

A 实验准备

铅试件两块，尺寸为 5mm×30mm×300mm。

B 实验操作

（1）将轧机辊面涂上粉笔灰。

（2）取 $H=5$mm、$B=30$mm、$L=300$mm 的试件一块，以 $\Delta h=1.5$mm 的压下量在辊面涂粉笔灰的轧辊中轧制，轧后用钢板尺量出轧件上二个痕迹之间距离 L_h，按式（9-7）计算出前滑值。

（3）再用芬克公式计算出前滑值 $S_{h计}$，将测量值及计算结果一并填入表9-2中。

（4）将轧机辊面涂上润滑油。

（5）取 $H=5$mm、$B=30$mm、$L=300$mm 的试件一块，以 $\Delta h=1.5$mm 的压下量在辊面涂润滑油的轧辊中轧制，轧后用钢板尺量出轧件上二个痕迹之间距离 L_h，按式（9-7）计算出前滑值。

（6）再用芬克公式计算出前滑值 $S_{h计}$，将测量值及计算结果一并填入表9-2中。

9.5.4.2 不同前后张力时前滑值的测定

A 实验准备

铅试件三块，其中 5mm×30mm×400mm 试件两块、5mm×30mm×300mm 试件一块。

B 实验操作

（1）取 $H=5$mm、$B=30$mm、$L=400$mm 的铅试件一块，用每道 $\Delta h=0.7$mm 的压下量在干净辊面上施加后张力 Q_H 连续轧制5道，测量前滑值。

（2）取 $H=5$mm、$B=30$mm、$L=400$mm 的铅试件一块，用每道 $\Delta h=0.7$mm 的压下量在干净辊面上施加前张力 Q_h 连续轧制5道，测量前滑值。

（3）取 $H=5$mm、$B=30$mm、$L=300$mm 的铅试件一块，用每道 $\Delta h=0.7$mm 的压下

量在干净辊面上不加张力连续轧制 5 道，测取每道次轧后的前滑值。

（4）将以上三块试件的原始尺寸，轧后尺寸及前滑值记入表 9－3 中，并作 $S_h - h$ 实验曲线。

9.5.5　工作任务单

学生依据实验手册的要求及操作步骤，在教师的指导下完成本工作任务，并填写任务单。

工作任务单

<table>
<tr><td rowspan="2">任务名称</td><td rowspan="2">前滑值的测定</td><td>姓名</td><td></td><td>班级</td><td></td></tr>
<tr><td>小组成员</td><td colspan="3"></td></tr>
<tr><td>具体任务</td><td colspan="5">测定不同摩擦条件、不同张力条件下的前滑值。</td></tr>
<tr><td colspan="6">一、知识要点
1. 前滑的产生。

2. 前滑在生产中的作用。

3. 影响前滑的因素。

4. 前滑值的测定。</td></tr>
<tr><td colspan="6">二、实验数据记录</td></tr>
</table>

表 9－2　不同摩擦条件下测定前滑值的测定数据记录表

轧制条件	H	h	ε	L_h	$S_{h测}$	α	β	γ	$\cos\alpha$	$S_{h计}$
粉笔灰										
润滑油										

表 9－3　不同张力条件下前滑值的测定数据记录表

<table>
<tr><td rowspan="3">轧制条件</td><td colspan="3" rowspan="2">轧前尺寸/mm</td><td colspan="15">轧后尺寸/mm</td></tr>
<tr><td colspan="3">第一道</td><td colspan="3">第二道</td><td colspan="3">第三道</td><td colspan="3">第四道</td><td colspan="3">第五道</td></tr>
<tr><td>H</td><td>B</td><td>L</td><td>h_1</td><td>l_1</td><td>S_{h_1}</td><td>h_2</td><td>l_2</td><td>S_{h_2}</td><td>h_3</td><td>l_3</td><td>S_{h_3}</td><td>h_4</td><td>l_4</td><td>S_{h_4}</td><td>h_5</td><td>l_5</td><td>S_{h_5}</td></tr>
<tr><td>前张力</td><td></td><td></td><td></td><td></td><td></td><td></td><td></td><td></td><td></td><td></td><td></td><td></td><td></td><td></td><td></td><td></td><td></td><td></td></tr>
<tr><td>后张力</td><td></td><td></td><td></td><td></td><td></td><td></td><td></td><td></td><td></td><td></td><td></td><td></td><td></td><td></td><td></td><td></td><td></td><td></td></tr>
<tr><td>无张力</td><td></td><td></td><td></td><td></td><td></td><td></td><td></td><td></td><td></td><td></td><td></td><td></td><td></td><td></td><td></td><td></td><td></td><td></td></tr>
</table>

<table>
<tr><td rowspan="2">任务名称</td><td rowspan="2">前滑值的测定</td><td>姓名</td><td></td><td>班级</td><td></td></tr>
<tr><td>小组成员</td><td colspan="3"></td></tr>
</table>

三、训练与思考

1. 比较分析实测结果与计算结果的不同，分析原因。

2. 简述摩擦条件不同对前滑值的影响。

3. 作出 S_h-h 实验曲线，并根据该曲线分析轧件厚度对前滑的影响规律。

4. 分析前后张力对前滑的影响规律。

四、检查与评估

1. 检查实验完成情况；
2. 根据实验过程中的自我表现，对自己的工作情况进行自我评估，并总结改进意见；
3. 教师对小组工作情况进行评估，并进行点评；
4. 教师、各小组、学生个人对本次的评价给出量化。

考核项目	评分标准	分数	学生自评	小组评价	教师评价	备注
安全生产	有无安全隐患	10				
活动情况	积极主动	5				
团队协作	和谐愉快	5				
现场 5S	做到	10				
劳动纪律	严格遵守	5				
工量具使用	规范、标准	10				
操作过程	规范、正确	50				
实验报告书写	认真、规范	5				
总　分						

<table>
<tr><td>教师签名：
年　　月　　日</td><td>总　评</td><td></td></tr>
</table>

任务9.6 连轧常数与前滑的关系

9.6.1 连续轧制的概念

连续轧制是指一根轧件同时在数架轧机上轧制，相邻机架或道次间保持秒流量相等的轧制方法，如图9-11所示。所谓秒流量相等是指单位时间内流经任一截面的金属体积相等。

连轧机各机架顺序排列，轧件同时通过各个机架进行轧制，各个机架通过轧件互相联系。为保持多台轧机正常工作，必须保证在单位时间内通过各个机架的金属体积相等，即秒流量保持不变。

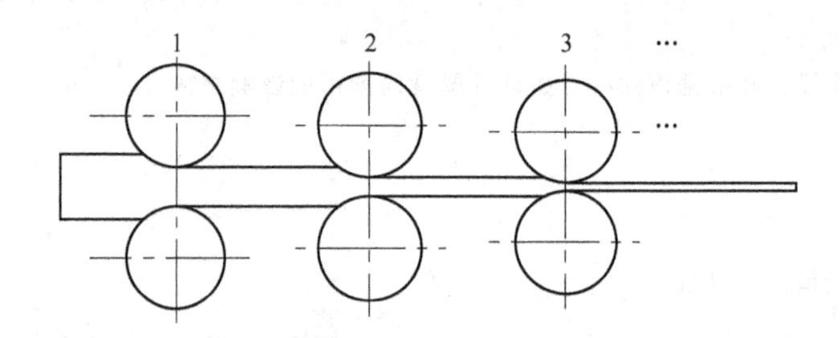

图9-11 连轧示意图

9.6.2 连续流量方程

根据秒流量相等可以建立如下关系：

$$F_1 v_{h1} = F_2 v_{h2} = \cdots = F_n v_{hn} \tag{9-18}$$

式中 F_1，F_2，…，F_n——各架轧机轧后轧件横截面积；

v_{h1}，v_{h2}，…，v_{hn}——各架轧机中轧件出辊速度。

由（9-5）可知，

$$v_h = (1 + s_h)v \tag{9-19}$$

式中 s_h——前滑值；

v——轧辊圆周线速度。

将式（9-19）代入式（9-18）得：

$$F_1 v_1 (1 + S_{h1}) = F_2 v_2 (1 + S_{h2}) = \cdots = F_n v_n (1 + S_{hn}) \tag{9-20}$$

将轧辊圆周速度 $v = \frac{\pi D n}{60}$ 代入式（9-20）并化简得：

$$F_1 D_1 n_1 (1 + S_{h1}) = F_2 D_2 n_2 (1 + S_{h2}) = \cdots = F_n D_n n_n (1 + S_{hn}) \tag{9-21}$$

式（9-21）表示轧件在各机架轧制时的秒流量相等，即为一个常数，这个常数称为连轧常数，用 C 表示。连轧常数一般按最末一架轧机确定，即：

$$C = F_n D_n n_n (1 + s_{hn}) \tag{9-22}$$

式（9-21）为连轧过程处于平衡状态的基本方程式。由此式可以看出各机架轧制时的前滑值变化将导致各机架金属秒流量的变化，造成拉钢或堆钢，从而破坏变形的平衡状态。严重拉钢可使轧件断面收缩，严重时会造成轧件破断事故；堆钢可导致带钢折叠，或引起断辊、电动机电流过大而跳闸等设备事故。因此对于连轧机，准确计算各道次的前滑值很重要。在连轧生产中，当前滑值产生变化时，必须及时调整轧辊转速，以保证各机架通过的金属秒流量相等。

若忽略前滑，式（9－21）可改写成：

$$F_1D_1n_1 = F_2D_2n_2 = \cdots = F_nD_nn_n = C' \quad (9-23)$$

项目任务单

项目名称： 轧制过程中的前滑与后滑	姓名		班级	
	日期		页数	共______页

一、填空

1. 中性面与出口面之间的弧长所对应的轧辊圆心角称为________。
2. 前滑是金属质点相对于辊面向________流动的现象。

二、判断

（　）1. 轧制时轧辊直径增大，前滑值将减小。
（　）2. 前滑区内金属的质点水平速度小于后滑区内质点水平速度。
（　）3. 前张力增加，金属向前流动的阻力减少，使前滑值增加。
（　）4. 压下量增加，宽展量增加，轧件前滑值减小。
（　）5. 摩擦系数增加，前滑值和宽展量都将增大。
（　）6. 咬入角增加，中性角将增大。
（　）7. 由于变形金属是一整体，所以在变形区内各金属质点的流动的速度都相同。

三、单项选择

1. 前滑区所对应的圆心角为中性角。中性角的最大值为（　　）。
   A. β　　B. $\beta/2$　　C. $\beta/4$
2. 轧辊直径增大前滑（　　）。
   A. 增加　　B. 减小　　C. 不变
3. 张力对变形区前、后滑有直接影响，随着前张力的增加，（　　）。
   A. 前滑增加，后滑减少　　B. 前滑减少，后滑增加　　C. 前、后滑都减少
4. 轧制变形区中中性面与出口断面间的区域称为（　　）。
   A. 后滑区　　B. 黏着区　　C. 前滑区

四、计算

1. 若轧辊圆周速度为3m/s，轧件出辊速度为3.3m/s，求前滑值。

2. 已知轧件入口厚度为40mm，入口速度为0.8m/s，轧件的出口厚度20mm，轧辊线速度为1.3m/s。计算带钢的出辊速度和轧制时的前滑值（忽略宽展）。

项目名称： 轧制过程中的前滑与后滑	姓名		班级	
	日期		页数	共________页

3. 某轧机辊径 $D=360\text{mm}$，轧件入口厚度 $H=5.1\text{mm}$，出口厚度 $h=4.2\text{mm}$，摩擦系数 $f=0.25$，求无张力轧制时的咬入角 α、中性角 γ 及前滑值 s_h。

4. 在某带钢热连轧机组上，最后一个机架的工作辊转速为 220r/min，前滑值为 8%，成品厚度为 4mm，宽度为 1000mm，各机架的工作辊直径均为 600mm，认为精轧机组上轧制时 $\Delta b=0$。若在精轧机组的某一机架上轧出厚度为 10mm，前滑值为 6%，为保持连轧过程正常进行，该机架的工作辊转速应为多少？

检查情况		教师签名		完成时间	

项目 10　轧制压力

【项目提出】

轧制压力的确定在轧制理论研讨中和在轧钢生产中都是重要的课题。轧制压力是轧钢工艺和设备设计的基本参数之一，轧钢设备的强度核算、主电机容量选择或校核，轧制压力都是不可缺少的基本数据。制定合理的轧制工艺规程，强化轧制过程、改进生产工艺、轧制生产过程自动控制，都必须了解轧制压力的大小。因此了解轧制压力的概念、正确计算轧制压力具有十分重要的意义。

【知识目标】

（1）了解轧制压力、平均单位压力、接触面积的概念。
（2）了解影响轧制压力的因素。
（3）掌握各种轧制过程中轧制压力的计算方法。

【能力目标】

（1）会描述轧制压力和接触面积。
（2）能分析各种因素对轧制压力的影响。
（3）能计算各种轧制情况下的轧制压力。

任务 10.1　了解轧制压力的概念

10.1.1　轧制压力的概念

金属在变形区内产生塑性变形时，必然有变形抗力存在。轧制时轧辊对金属作用一定的压力来克服金属的变形抗力，迫使其产生塑性变形，同时，金属对轧辊也产生反作用力。由于在大多数情况下，金属对轧辊的总压力是指向垂直方向的，或者倾斜不大，因而可近似认为轧制压力就是金属对轧辊总压力的垂直分量，即是安装在压下螺丝下的测压仪实测的总压力，如图 10－1 中的 P_1 和 P_2。在简单轧制情况下，P_1 和 P_2 是相等的。

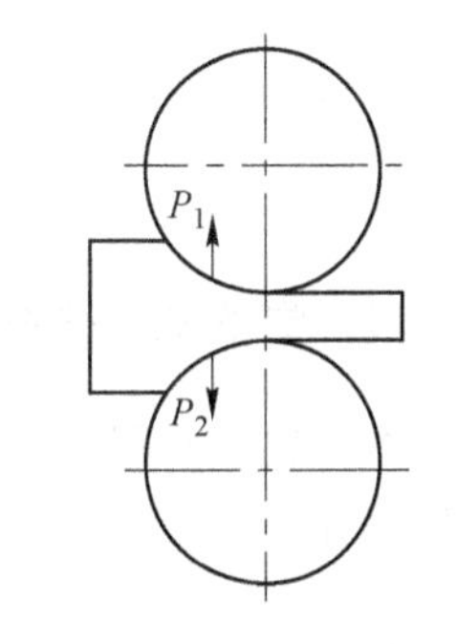

图 10－1　简单轧制时轧制压力的方向

轧制压力可通过计算或直接测量这两个方法得到。现代轧制压力测量技术已得到很大进步，测量精度日益提高，对生产实践和理论研究有很大的促进作用。常用的轧制压力测量方法有：电阻应变仪测压法、辊面上安装测压仪法、水银测压计法等。

10.1.2　平均单位压力

假设轧件与轧辊接触面上单位压力和单位摩擦力均匀分布，分别用 $\bar{p}$ 和 t 表示，如图 10－2 所示，则根据轧制压力的概念可得：

$$P = \bar{B}\int_0^l \bar{p}\cos\theta \frac{\mathrm{d}x}{\cos\theta} + \bar{B}\int_{l_\gamma}^l t\sin\theta \frac{\mathrm{d}x}{\cos\theta} - \bar{B}\int_0^{l_\gamma} t\sin\theta \frac{\mathrm{d}x}{\cos\theta} \quad (10-1)$$

式中　$\bar{B}$——变形区平均宽度；

θ——微分体与轧辊接触弧中点到出口断面之间圆弧所对圆心角；

l_γ——中性面到出口断面的距离；

l——变形区长度。

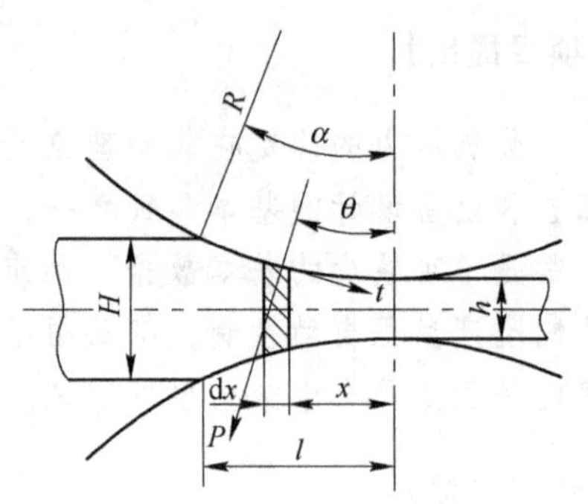

图 10－2　后滑区中作用于轧件微分体上的力

式（10－1）中第一项为各微分体上作用的正压力的垂直分量之和；第二项、第三项分别为后滑区和前滑区各微分体上作用的摩擦力的垂直分量之和，其值远小于第一项，工程上完全可以忽略。因此：

$$P \approx \bar{B}\int_0^l \bar{p}\cos\theta \frac{\mathrm{d}x}{\cos\theta} = \bar{B}\int_0^l \bar{p}\mathrm{d}x = \bar{B}\bar{p}l = \bar{p} \cdot F \quad (10-2)$$

式中　P——轧制压力；

$\bar{p}$——平均单位压力；

F——轧辊和轧件实际接触面积的水平投影，称接触面积。

这样，轧制压力的计算可归结为计算平均单位压力和接触面积这两个基本问题。

平均单位压力取决于被轧制金属的变形抗力和应力状态系数：

$$\bar{p} = mn_\sigma\sigma_s \quad (10-3)$$

式中　n_σ——应力状态系数；

m——考虑中间主应力影响的系数，在 1～1.15 之间变化。当宽展很小可以忽略时，$m=1.15$，此时的变形抗力称为平面变形抗力，一般用 K 表示：

$$K = 1.15\sigma_s \quad (10-4)$$

此时的平均压力计算公式为：

$$\bar{p} = n_\sigma K \quad (10-5)$$

任务 10.2　接触面积的计算

10.2.1　简单轧制情况下接触面积的计算

在平辊或扁平孔型中轧制矩形断面轧件时，可近似认为是简单轧制情况。此时的接触面积可计算为：

$$F = \frac{B+b}{2}\sqrt{R \cdot \Delta h} \quad (10-6)$$

式中　B，b——轧件轧制前、后的宽度；

R——轧辊工作半径；

Δh——压下量。

10.2.2　在三辊劳特式轧机上轧制时接触面积的计算

在劳特式轧机上轧制时，由于中辊与上辊（或下辊）直径相差悬殊，此时的接触面积为：

$$F = \frac{B+b}{2}\sqrt{2\Delta h\frac{Rr}{R+r}} = \frac{B+b}{2}\sqrt{\Delta h\frac{Dd}{D+d}} \tag{10-7}$$

式中　R，r——上辊（或下辊）、中辊的辊身半径；

D，d——上辊（或下辊）、中辊的辊身直径。

10.2.3　孔型中轧制时接触面积的计算

在孔型中轧制时，由于轧辊上刻有孔型，轧件进入变形区和轧辊接触是不同时的，压下量也沿轧件宽度变化，接触面的水平投影不再是梯形，接触面积可用下述两种方法来计算。

10.2.3.1　按平均接触弧长计算

$$F = \frac{B+b}{2}\sqrt{\bar{R}\cdot\Delta\bar{h}} \tag{10-8}$$

式中　$\bar{R}$——轧辊平均工作半径，按式（7－37）或式（7－38）计算；

$\Delta\bar{h}$——平均压下量，按式（7－39）计算，对于一些经常使用的孔型也可按下列经验公式计算：

菱形轧件进菱形孔型：　$\Delta\bar{h} = (0.55 \sim 0.6)(H-h)$

方轧件进椭圆孔型：

对扁椭圆孔，　$\Delta\bar{h} = H - 0.7h$

对椭圆孔，　$\Delta\bar{h} = H - 0.85h$

椭圆轧件进方孔型：$\Delta\bar{h} = (0.65 \sim 0.7)H - (0.55 \sim 0.6)h$

椭圆轧件进方孔型：　$\Delta\bar{h} = 0.85H - 0.79h$

也可以用下列近似公式计算延伸孔型的接触面积：

椭圆轧件进方孔型：　$F = 0.75b\sqrt{R(H-h)}$

方轧件进椭圆孔型：　$F = 0.54(B+b)\sqrt{R(H-h)}$

菱形轧件进菱形或方孔型：

$$F = 0.67b\sqrt{R(H-h)}$$

式中　H，B——轧前轧件最高、最宽处尺寸；

h，b——轧件轧后最高、最宽处尺寸；

R——孔型中央位置的轧辊半径。

10.2.3.2　用作图法确定接触面积

如图 10－3 所示，将孔型和孔型中的轧件一起画出三面投影，得出轧件与孔型相贯面的水平投影，其面积即为接触面积。图中俯视图有剖面线部分是没考虑宽展时的接触面积，虚线加宽部分是根据轧件轧后宽度近似画出的接触面积。

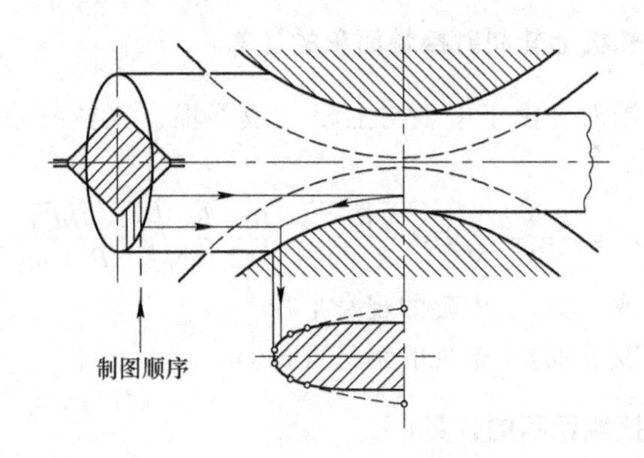

图 10－3　用作图法确定接触面积

任务 10.3　熟悉影响轧制压力的因素

前已述及单位压力取决于被轧制金属的变形抗力和应力状态系数，影响变形抗力的因素如金属的化学成分和组织状态、变形温度、变形速度和变形程度已在 5.2.2 节具体介绍，这里主要分析影响应力状态系数的因素。

当各种外部条件的影响，使轧制方向的压应力增大时，为了使处于压应力状态的轧件产生塑性变形，高度方向的压应力，即单位压力也相应增大。应力状态系数就是表示外部条件的作用，使变形区内的金属应力状态发生变化时，单位压力随着增大或减小的程度，可表示为：

$$n_\sigma = \bar{p}/K$$

实践和理论都表明，外摩擦系数、轧件厚度、轧辊直径、相对压下量、外区以及作用在轧件上的前后张力等因素，都影响应力状态系数的大小。

10.3.1　摩擦系数的影响

在相对压下量一定的情况下，摩擦系数越大，平均单位压力越大。这是因为摩擦力的大小和分布规律直接影响到变形区内的应力状态，从而影响单位压力的大小。摩擦力越大，变形区内纵向压应力越大，单位压力必然随之增大，需要的轧制力也增大。很显然，在表面光滑的轧辊上轧制比表面粗糙的轧辊上轧制时所需要的轧制力要小。

10.3.2　相对压下量的影响

在其他条件不变时，随相对压下量增大，平均单位压力增大。在轧出厚度一定时，增大压下量会引起变形区长度、接触面积增大，因而轧制压力将进一步增大。

10.3.3　比值 D/h 的影响

在相对压下量一定的情况下，当轧辊直径 D 增大，或轧件厚度 h 减小时，会引起单位压力增大。这是因为，随 D/h 值增大，变形区长度增长，摩擦力对纵向压应力的影响增强。

10.3.4　外区的影响

在轧制厚轧件时，变形区内各层金属纵向流动速度不同，产生不均匀变形，而变形区前后两个被认为是不产生变形的外区，又限制这种不均匀变形，这会引起单位压力增大。当变形区长度与轧件平均厚度的比值 $l/\bar{h}>1$ 时，不均匀变形较小，外区影响不明显；当 $l/\bar{h}\leqslant 1$ 时，不均匀变形较大，外区响变得明显。$l/\bar{h}$ 越小，不均匀变形越严重，外区影响越大。

10.3.5　张力的影响

实验结果表明，前后张力都使单位压力减小，而且后张力的影响最为显著。由于张力使变形区内金属在轧制方向产生拉应力，使由于外摩擦的作用产生的纵向压应力减小或变为拉应力，这样会使单位压力减小，引起轧制压力减小。

任务 10.4　平均单位压力的计算

10.4.1　西姆斯公式

R. B. Sims(西姆斯）单位压力公式普遍用于计算热轧板带钢精轧阶段的平均单位压力，公式形式为：

$$\bar{p}=\left[\sqrt{\frac{1-\varepsilon}{\varepsilon}}\left(\frac{1}{2}\sqrt{\frac{R}{h}}\ln\frac{1}{1-\varepsilon}-\sqrt{\frac{R}{h}}\ln\frac{h_\gamma}{h}+\frac{\pi}{2}\arctan\sqrt{\frac{\varepsilon}{1-\varepsilon}}\right)-\frac{\pi}{4}\right]\cdot K=n_\sigma\cdot K \tag{10-9}$$

式中　ε——变形程度；

R——轧辊半径；

h——轧件轧后厚度；

h_γ——中性面高度；

K——平面变形抗力；

n_σ——应力状态系数。

根据 Sims 公式，应力状态系数 n_σ 仅决定于变形程度 ε 及 R/h 比值。为便于应用，将计算结果作成曲线图 10－4 中，实际计算时可由图查得 n_σ，再由式（10－9）计算平均单位压力。

为便于用 Sims 公式计算轧制压力，将 Sims 公式计算结果列于表 10－1 中。

由于 Sims 公式比较繁杂，不便于计算机在线控制轧钢生产。为此，很多学者提出了 Sims 公式的简化形式，常用的有：

（1）志田茂公式：

$$n_\sigma=0.8+(0.45\varepsilon+0.04)\left(\sqrt{\frac{R}{H}}-0.5\right) \tag{10-10}$$

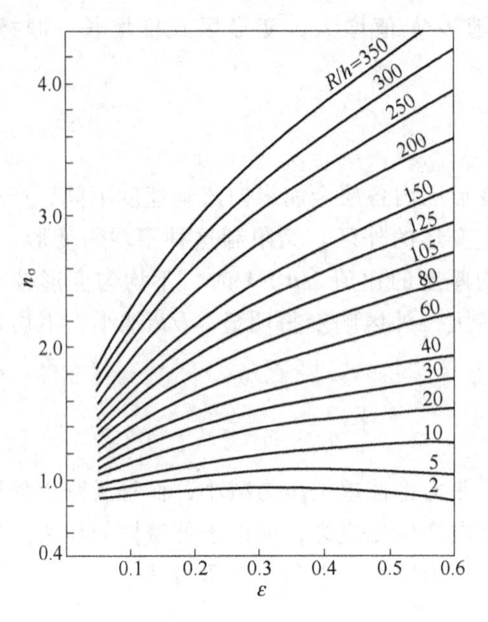

图 10－4　Sims 公式 n_σ 与 ε、R/h 的关系曲线

（2）美坂佳助公式：

$$n_\sigma = \frac{\pi}{4} + 0.25\frac{l}{\bar{h}} \tag{10-11}$$

（3）克林特里公式：

$$n_\sigma = 0.75 + 0.27\frac{l}{\bar{h}} \tag{10-12}$$

表 10－1　根据 Sims 公式计算的 n_σ 值

R/h	ε						
	0.05	0.10	0.20	0.30	0.40	0.50	0.60
2	0.85686	0.88061	0.90476	0.91156	0.90416	0.88135	0.83874
5	0.90355	0.94777	1.0032	1.0367	1.0547	1.0570	1.0402
10	0.95589	1.0226	1.1115	1.1727	1.2158	1.2422	1.2489
20	1.0297	1.1280	1.2632	1.3620	1.4387	1.4965	1.5330
30	1.0864	1.2087	1.3791	1.5063	1.6082	1.6891	1.7474
40	1.1341	1.2766	1.4767	1.6277	1.7505	1.8507	1.9270
60	1.2141	1.3906	1.6402	1.8309	1.9886	2.1207	2.2267
80	1.2815	1.4866	1.7779	2.0019	2.1889	2.3477	2.4784
100	1.3409	1.5712	1.8991	2.1525	2.3652	2.5475	2.6998
125	1.4073	1.6657	2.0347	2.3208	2.5621	2.7705	2.9470
150	1.4674	1.7512	2.1572	2.4728	2.7401	2.9721	3.1702
200	1.5740	1.9030	2.3746	2.7427	3.0559	3.3296	3.5662
250	1.6679	2.0366	2.5662	2.9805	3.3340	3.6445	3.9148
300	1.7528	2.1575	2.7394	3.1954	3.5854	3.9290	4.2299
350	1.8309	2.2686	2.8986	3.3929	3.8165	4.1906	4.5194

【案例】 在工作辊直径为860mm的四辊轧机上轧制低碳钢板，轧制温度1100℃，$H=93mm$，$h=64.2mm$，$B=610mm$，$\sigma_s=80MPa$，计算轧制压力。

解：

（1）用Sims公式计算：

$$K=1.15\sigma_s=1.15\times80=92MPa$$

$$\Delta h=H-h=93-64.2=28.8mm$$

$$\varepsilon=\frac{\Delta h}{H}=\frac{28.8}{93}\approx31\%$$

$$l=\sqrt{R\cdot\Delta h}=\sqrt{\frac{860}{2}\times28.8}\approx111mm$$

$$\frac{R}{h}=\frac{860}{2\times64.2}\approx6.7$$

由图10－4并参照表10－1得：$n_\sigma=1.1$

则
$$\bar{p}=n_\sigma\cdot K=1.1\times92=101.2MPa$$

$$P=\bar{p}\cdot F=101.2\times610\times111=6852252N\approx6.85MN$$

（2）用志田茂公式计算：

$$n_\sigma=0.8+(0.45\varepsilon+0.04)\left(\sqrt{\frac{R}{H}}-0.5\right)$$

$$=0.8+(0.45\times0.31+0.04)\times\left(\sqrt{\frac{860}{2\times93}}-0.5\right)=1.1$$

$$P=1.1\times92\times610\times111\approx6.85MN$$

（3）用美坂佳助公式计算：

$$n_\sigma=\frac{\pi}{4}+0.25\frac{l}{\bar{h}}=\frac{3.14}{4}+0.25\times\frac{2\times111}{93+64.2}\approx1.14$$

$$P=1.14\times92\times610\times111\approx7.10MN$$

（4）用克林特里公式计算：

$$n_\sigma=0.75+0.27\frac{l}{\bar{h}}=0.75+0.27\times\frac{2\times111}{93+64.2}\approx1.13$$

$$P=1.13\times92\times610\times111\approx7.04MN$$

10.4.2 艾克隆德公式

S. Ekelund（艾克隆德）公式是适宜计算热轧低碳钢（包括延伸孔型轧制和三辊开坯机）及简单断面型钢的平均单位压力的半经验公式。该公式的形式为：

$$\bar{p}=(1+m)(K+\eta\cdot\bar{\dot{\varepsilon}}) \tag{10－13}$$

式中 $1+m$——考虑外摩擦影响的系数；

K——平面变形抗力，N/mm^2；

η——金属的黏性系数，$N\cdot s/mm^2$；

$\bar{\dot{\varepsilon}}$——轧制平均变形速度，1/s。

公式中的各项分别用如下计算：

$$m = \frac{1.6f\sqrt{R \cdot \Delta h} - 1.2\Delta h}{H + h} \quad (10-14)$$

当 $t \geqslant 800$℃、$w(\mathrm{Mn}) \leqslant 1\%$、$w(\mathrm{Cr}) < 2\% \sim 3\%$ 时：

$$K = (137 - 0.098t) \times [1.4 + w(\mathrm{C}) + w(\mathrm{Mn}) + 0.3w(\mathrm{Cr})] \quad (10-15)$$

式中 $w(\mathrm{C})$，$w(\mathrm{Mn})$，$w(\mathrm{Cr})$——分别为钢中碳、锰、铬的质量分数，%。

$$\eta = 0.01(137 - 0.098t)C' \quad (\mathrm{Ns/mm^2}) \quad (10-16)$$

式中 C'——轧制速度对 η 的影响系数，其值见表10－2。

表10－2 轧制速度 v 对 η 的影响系数 C'

轧制速度 $v/\mathrm{m \cdot s^{-1}}$	<6	6～10	10～15	15～20
系数 C'	1	0.8	0.65	0.6

【案例】 在辊环直径 $D = 530\mathrm{mm}$、辊缝 $s = 20.5\mathrm{mm}$、轧辊转速 $n = 100\mathrm{r/min}$ 的条件下，在钢轧辊轧机上箱形孔型中轧制45号钢，轧件轧前尺寸 $H \times B = 202.5\mathrm{mm} \times 174\mathrm{mm}$，轧后尺寸 $h \times b = 173.5\mathrm{mm} \times 176\mathrm{mm}$，轧制温度 $t = 1120$℃。计算轧制压力。

解：

$$D_g = D - (h - s) = 530 - (173.5 - 20.5) = 377\mathrm{mm}$$

$$R = \frac{D}{2} = \frac{377}{2} = 188.5\mathrm{mm}$$

$$\Delta h = H - h = 202.5 - 173.5 = 29\mathrm{mm}$$

$$l = \sqrt{R \cdot \Delta h} = \sqrt{188.5 \times 29} = 74\mathrm{mm}$$

$$F = \frac{B + b}{2} \cdot l = \frac{174 + 176}{2} \times 74 = 12950\mathrm{mm^2}$$

$$v = \frac{\pi D_n}{60} = \frac{3.14 \times 377 \times 100}{60} = 1973\mathrm{mm/s} \approx 1.97\mathrm{m/s}$$

$$f = K_1K_2K_3(1.05 - 0.0005t) = 1 \times 1 \times 1 \times (1.05 - 0.0005 \times 1120) = 0.49$$

$$m = \frac{1.6f\sqrt{R \cdot \Delta h} - 1.2\Delta h}{H + h} = \frac{1.6 \times 0.49 \times 74 - 1.2 \times 29}{202.5 + 173.5} = 0.06$$

查标准知，45号钢平均含碳（质量分数）为0.45%、平均含锰（质量分数）为0.5%，则：

$$K = (137 - 0.098t) \times [1.4 + w(\mathrm{C}) + w(\mathrm{Mn}) + 0.3w(\mathrm{Cr})]$$
$$= (137 - 0.098 \times 1120) \times (1.4 + 0.45 + 0.5) = 64\mathrm{MPa}$$

轧制速度 $v = 1.97\mathrm{m/s}$，由表10－2查得轧制速度 v 对 η 的影响系数 $C' = 1$，则：

$$\eta = 0.01(137 - 0.098t)C' = 0.01 \times (137 - 0.098 \times 1120) \times 1 = 0.27\mathrm{Ns/mm^2}$$

$$\bar{\dot{\varepsilon}} = \frac{2 \times 1973 \times \sqrt{\frac{29}{188.5}}}{202.5 + 173.5} = 4.1\mathrm{s^{-1}}$$

$$\bar{p} = (1 + m)(K + \eta\bar{\dot{\varepsilon}}) = (1 + 0.06) \times (64 + 0.27 \times 4.1) = 69\mathrm{MPa}$$

$$P = \bar{p}F = 69 \times 12950 \approx 0.89\mathrm{MN}$$

10.4.3　斯通公式

M. D. Stone（斯通）公式适宜于用来计算冷轧薄板带时的平均单位压力。冷轧时轧辊直径与轧件厚度的比值很大，而且单位压力也很大，轧辊产生显著的弹性压扁，平均单位压力可按斯通公式计算：

$$\bar{p} = (\bar{K} - \bar{q}) \cdot \frac{e^x - 1}{x} = n_\sigma(\bar{K} - \bar{q}) \tag{10-17}$$

式中　$\bar{K}$——平面变形抗力的平均值，$\bar{K} = 1.15\bar{\sigma}_s$；

$\bar{\sigma}_s$——某道次累积变形程度的平均值在加工硬化曲线上对应的变形抗力；

$\bar{q}$——平均单位张力，$\bar{q} = \dfrac{q_h + q_H}{2}$；

q_h——单位前张力，$q_h = \dfrac{Q_h}{h \times b}$；

q_H——单位后张力，$q_H = \dfrac{Q_H}{H \times B}$；

Q_h，Q_H——前张力和后张力；

n_σ——应力状态系数；

$$n_\sigma = \frac{e^x - 1}{x} \tag{10-18}$$

$$x = \frac{fl'}{\bar{h}} \tag{10-19}$$

l'——考虑弹性压扁时的变形区长度；

$$l' = \sqrt{R \cdot \Delta h + (cR\bar{p})^2} + cR\bar{p} \tag{10-20}$$

c——系数，$c = \dfrac{8(1 - \nu^2)}{\pi E}$，对钢轧辊，弹性模数 $E = 2.156 \times 10^5 \text{N/mm}^2$，波松系数 $\nu = 0.3$，$c = 1.075 \times 10^{-5} \text{mm}^2/\text{N}$；

f——摩擦系数；

$\bar{h}$——平均高度。

综合式（10－17）～式（10－20），令 $a = cR$，再整理、简化后得：

$$\left(\frac{fl'}{\bar{h}}\right)^2 = 2a\frac{f}{\bar{h}}(\bar{K} - \bar{q})(e^{\frac{fl'}{\bar{h}}} - 1) + \left(\frac{fl}{\bar{h}}\right)^2 \tag{10-21}$$

设　$y = 2a\dfrac{f}{\bar{h}}(\bar{K} - \bar{q})$，$z = \dfrac{fl}{\bar{h}}$，则式（10－21）可写成：

$$x^2 = (e^x - 1)y + z^2 \tag{10-22}$$

为方便计算，将式（10－22）作成曲线，如图 10－5 所示。使用时，在图中两根纵坐标上确定 z^2 和 y 值并连接直线，与图中曲线相交点的值即为 x 的值。

用斯通公式计算平均单位压力的步骤如下：

（1）由已知条件 H、h、B、f、R、Q_H、Q_h，计算出 $\bar{h}$、q_H、q_h、$\bar{q}$、l、f、$\bar{\varepsilon}$，再由该道次的累积变形程度的平均值 $\bar{\varepsilon}$ 在加工硬化曲线上查出平均平面变形抗力，或查出变形抗力平均值 $\bar{\sigma}_s$ 后，由 $\bar{K} = 1.15\bar{\sigma}_s$ 计算出平面变形抗力 $\bar{K}$。

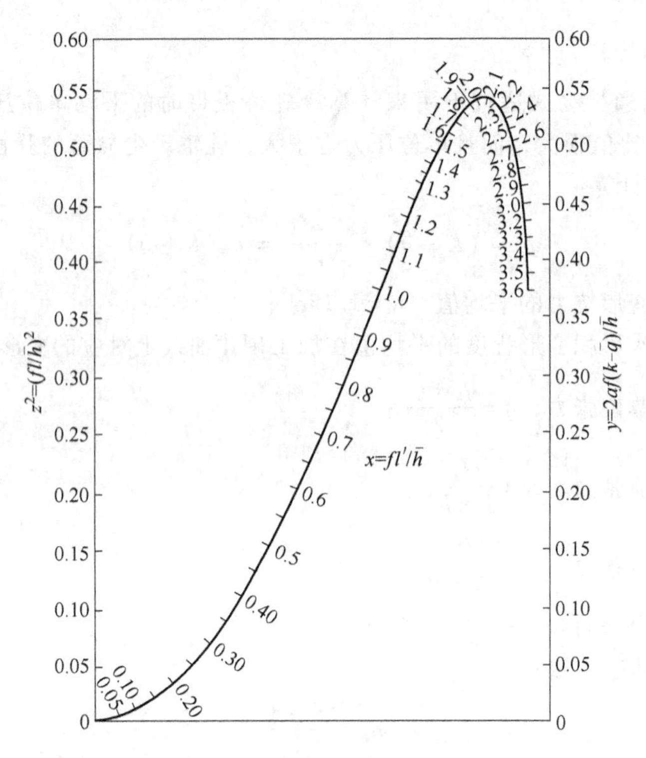

图10－5 确定x的曲线

（2）计算出y、z^2值，并由图10－5查出x的值。

（3）根据x由表10－3查出$n'_\sigma=\dfrac{e^x-1}{x}$的值。

（4）计算平均单位压力。

（5）由$x=\dfrac{fl'}{\bar{h}}$算出弹性压扁后的变形区长度l'。

（6）由$P=\bar{p}\cdot B\cdot l'$计算出轧制压力。

表10－3 应力状态系数n_σ数值表

x	0	1	2	3	4	5	6	7	8	9
0.0	1.000	1.005	1.010	1.015	1.020	1.025	1.031	1.036	1.041	1.046
0.1	1.052	1.057	1.062	1.068	1.073	1.079	1.084	1.090	1.096	1.101
0.2	1.107	1.113	1.119	1.124	1.130	1.136	1.142	1.148	1.154	1.160
0.3	1.166	1.172	1.179	1.185	1.191	1.197	1.204	1.210	1.217	1.223
0.4	1.230	1.236	1.243	1.249	1.256	1.263	1.270	1.277	1.283	1.290
0.5	1.297	1.304	1.312	1.319	1.326	1.333	1.340	1.384	1.355	1.363
0.6	1.370	1.378	1.385	1.393	1.401	1.409	1.416	1.424	1.432	1.440
0.7	1.448	1.456	1.464	1.473	1.481	1.489	1.498	1.506	1.515	1.523
0.8	1.532	1.541	1.549	1.558	1.567	1.576	1.585	1.594	1.603	1.613
0.9	1.622	1.631	1.641	1.650	1.660	1.669	1.679	1.689	1.698	1.708

续表 10－3

x	0	1	2	3	4	5	6	7	8	9
1.0	1.718	1.728	1.738	1.749	1.759	1.769	1.780	1.790	1.801	1.811
1.1	1.822	1.833	1.844	1.855	1.866	1.877	1.888	1.899	1.910	1.922
1.2	1.933	1.945	1.965	1.968	1.980	1.992	2.004	2.016	2.029	2.041
1.3	2.053	2.066	2.078	2.091	2.104	2.117	2.130	2.143	2.156	2.169
1.4	2.182	2.196	2.209	2.223	2.237	2.250	2.264	2.278	2.293	2.307
1.5	2.321	2.336	2.350	2.365	2.380	2.395	2.410	2.425	2.440	2.445
1.6	2.471	2.486	2.502	2.518	2.534	2.550	2.556	2.582	2.559	2.615
1.7	2.632	2.649	2.665	2.682	2.700	2.717	2.734	2.752	2.770	2.787
1.8	2.805	2.823	2.842	2.860	2.879	2.897	2.916	2.935	2.954	2.973
1.9	2.993	3.012	3.032	3.052	3.072	3.092	3.112	3.132	3.153	3.174
2.0	3.195	3.216	3.237	3.258	3.280	3.301	3.323	3.345	3.368	3.390
2.1	3.412	3.435	3.458	3.481	3.504	3.528	3.551	3.575	3.599	3.623
2.2	3.648	3.672	3.697	3.722	3.747	3.772	3.798	3.824	3.849	3.876
2.3	3.902	3.928	3.995	3.982	4.009	4.036	4.064	4.092	4.120	4.148
2.4	4.176	4.205	4.234	4.263	4.292	4.322	4.352	4.382	4.412	4.442
2.5	4.473	4.504	4.535	4.567	4.598	4.630	4.662	4.695	4.728	4.760
2.6	4.794	4.827	4.861	4.895	4.929	4.964	4.999	5.034	5.069	5.105
2.7	5.141	5.177	5.213	5.250	5.287	5.235	5.362	5.400	5.439	5.477
2.8	5.516	5.555	5.595	5.643	5.675	5.715	5.756	5.797	5.838	5.880
2.9	5.922	5.965	6.007	6.050	6.094	6.138	6.182	6.226	6.271	6.316
3.0	6.362	6.408	6.454	6.501	6.548	6.595	6.643	6.691	6.740	6.789
3.1	6.838	6.888	6.938	6.988	7.040	7.091	7.143	7.195	7.247	7.300
3.2	7.354	7.408	7.462	7.517	7.572	7.628	7.684	7.740	7.797	7.855
3.3	7.913	7.971	8.030	8.090	8.150	8.210	8.271	8.322	8.394	8.456
3.4	8.519	8.852	8.646	8.710	8.775	8.841	8.907	8.973	9.040	9.108

【案例 1】 已知冷轧带钢 $H = 1\text{mm}$，$h = 0.7\text{mm}$，$\bar{K} = 500\text{MPa}$，$\bar{q} = 200\text{MPa}$，$f = 0.05$，$B = 120\text{mm}$，在 $D_g = 200\text{mm}$ 的四辊轧机上轧制。计算轧制压力 P。

解：

$$l = \sqrt{R\Delta h} = \sqrt{\frac{100}{2} \times (1 - 0.7)} = 5.5\text{mm}$$

$$\bar{h} = \frac{H + h}{2} = \frac{1 + 0.7}{2} = 0.85\text{mm}$$

$$z^2 = \left(\frac{fl}{\bar{h}}\right)^2 = \left(\frac{0.05 \times 5.5}{0.85}\right)^2 = 0.1$$

$$a = cR = 1.075 \times 10^{-5} \times \frac{200}{2} \approx 1.1 \times 10^{-3}\text{mm}^3/\text{N}$$

$$y = 2a\frac{f}{\bar{h}}(\bar{K} - \bar{q}) = 2 \times 1.1 \times 10^{-3} \times \frac{0.05}{0.85} \times (500 - 200) = 0.039$$

由图 10－5 查得：　　$x = \frac{fl'}{\bar{h}} = 0.34$，$l' = \frac{\bar{h}}{f} \cdot x = \frac{0.85}{0.05} \times 0.34 = 5.78\text{mm}$

由表 10－3 查得：　　$n_\sigma = \frac{e^x - 1}{x} = 1.191$

$$\bar{p} = (\bar{K} - \bar{q}) \cdot \frac{e^x - 1}{x} = n_\sigma(\bar{K} - \bar{q}) = 1.191 \times (500 - 200) = 357\text{MPa}$$

$$P = \bar{p} \cdot B \cdot l' = 357 \times 120 \times 5.78 \approx 0.25\text{MN}$$

【案例 2】 在 $\phi400/\phi1300\text{mm} \times 1200\text{mm}$ 的四辊冷轧机上轧制含碳量为 0.08%、$H \times B = 1.85\text{mm} \times 1000\text{mm}$ 的低碳钢卷。第一道次不喷油，摩擦系数 $f = 0.08$；第二道、第三道喷乳化液，$f = 0.05$；其他参数如下表所示，计算第二道次的轧制压力。

道次	H/mm	h/mm	Δh/mm	ε/%	v/m·s^{-1}	Q_H/kN	Q_h/kN
1	1.85	1.00	0.85	46	2	30	80
2	1.00	0.50	0.50	50	5	80	50
3	0.50	0.38	0.12	24	3	50	30

解：

第二道次轧前的总变形程度即第一道次的变形程度 $\varepsilon_H = 46\%$

第二道次轧后累积变形量为：

$$\varepsilon_h = \frac{H_0 - h}{H_0} = \frac{1.85 - 0.5}{1.85} \approx 73\%$$

故第二道次的平均总变形程度为：

$$\bar{\varepsilon} = 0.4\varepsilon_H + 0.6\varepsilon_h = 0.4 \times 46\% + 0.6 \times 73\% \approx 62\%$$

由图 5－5 中曲线 1 查得：　　$\bar{K} \approx 760\text{MPa}$

第二道次的前、后单位张力、平均单位张力分别为：

$$\bar{q}_H = \frac{Q_H}{HB} = \frac{80 \times 10^3}{1 \times 1000} = 80\text{MPa}$$

$$\bar{q}_h = \frac{Q_h}{hb} = \frac{50 \times 10^3}{0.5 \times 1000} = 100\text{MPa}$$

$$\bar{q} = \frac{\bar{q}_H + \bar{q}_h}{2} = \frac{80 + 100}{2} = 90\text{MPa}$$

其他参数：

$$R = \frac{400}{2} = 200\text{mm}$$

$$\bar{h} = \frac{H + h}{2} = \frac{1 + 0.5}{2} = 0.75\text{mm}$$

$$\Delta h = H - h = 1 - 0.5 = 0.5\text{mm}$$

$$a = cR = 1.075 \times 10^{-5} \times 200 = 2.15 \times 10^{-3}\text{mm}^3/\text{N}$$

$$l = \sqrt{R \cdot \Delta h} = \sqrt{200 \times 0.5} = 10\text{mm}$$

$$y = 2a\frac{f}{\bar{h}}(\bar{K}-\bar{q}) = 2\times 2.15\times 10^{-3}\times\frac{0.05}{0.75}\times(760-90)\approx 0.19$$

$$z^2 = \left(\frac{fl}{\bar{h}}\right)^2 = \left(\frac{0.05\times 10}{0.75}\right)^2 \approx 0.44$$

由图 10－5 查出：　　$x = 0.83$

由表 10－3 查出：

$$n_\sigma = \frac{e^x - 1}{x} = 1.558$$

由 $x = \frac{fl'}{\bar{h}}$ 得：

$$l' = \frac{\bar{h}}{f}\cdot x = \frac{0.75}{0.05}\times 0.83 = 12.45\text{mm}$$

$$\bar{p} = n_\sigma(\bar{K}-\bar{q}) = 1.558\times(760-90)\approx 1044\text{MPa}$$

$$P = \bar{p}\cdot B\cdot l' = 1044\times 1000\times 12.45\approx 13.0\text{MN}$$

10.4.4　恰古诺夫公式

恰古诺夫公式适于计算轧制速度不大的可逆式热轧机、叠轧薄板轧机、横列式轧机的平均单位压力。公式的形式为：

$$\bar{p} = n'_\sigma\cdot K = n'_\sigma\cdot n_t\cdot R_m \tag{10-23}$$

式中　R_m——经退火的钢在室温下（20℃）的抗拉强度，可以根据实验资料获得。对碳素钢可按图 10－6 确定；

n'_σ——外摩擦影响系数，当 $l/\bar{h}\leqslant 1$ 时，$n'_\sigma = 1$，当 $l/\bar{h} > 1$ 时，按式（10－24）计算；

n_t——取决于钢的熔化温度 t_r 与轧制温度 t 的温度系数，可按式（10－25）、式（10－26）计算。

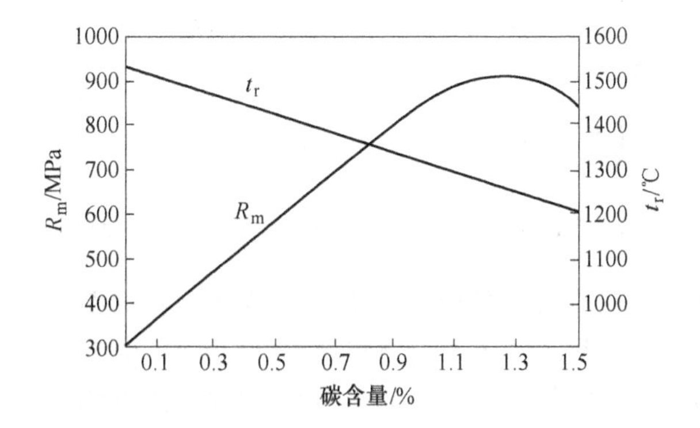

图 10－6　碳素钢的熔化温度 t_r 与抗拉强度 R_m

当 $l/\bar{h} > 1$ 时，外摩擦影响系数确定为：

$$n'_\sigma = 1 + \frac{1}{3}\left(\frac{l}{\bar{h}} - 1\right) \tag{10-24}$$

当 $t > (t_r - 575℃)$ 时，温度系数 n_t 确定为：

$$n_t = \frac{t_r - 75 - t}{1500} \tag{10-25}$$

当 $t < (t_r - 575℃)$ 时，温度系数 n_t 确定为：

$$n_t = \left(\frac{t_r - t}{1000}\right)^2 \tag{10-26}$$

【案例】 在轧辊直径为 $\phi735/\phi500/\phi735$mm、轧辊材质为铸铁的三辊劳特式轧机上轧制平均含碳量为 0.12% 的碳素钢，轧件尺寸 $H = 75$mm、$B = 1700$mm、$h = 60$mm，轧制温度 $t = 1185℃$。计算轧制压力。

解：轧辊平均工作半径为：

$$\bar{R} = \frac{Dd}{D + d} = \frac{735 \times 500}{735 + 500} \approx 298\text{mm}$$

其他参数计算如下：

$$\Delta h = H - h = 75 - 60 = 15\text{mm}$$

$$l = \sqrt{\bar{R} \cdot \Delta h} = \sqrt{298 \times 15} \approx 67\text{mm}$$

$$\frac{l}{\bar{h}} = \frac{67 \times 2}{75 + 60} \approx 0.99,\ n'_\sigma = 1$$

由图 10-6 可得：　$R_m \approx 380\text{MPa}$，$t_r \approx 1480℃$

$$t_r - 575 = 1480 - 575 = 905 < t(1185℃)$$

$$n_t = \frac{t_r - 75 - t}{1500} = \frac{1480 - 75 - 1185}{1500} \approx 0.15$$

$$\bar{p} = n'_\sigma \cdot n_t \cdot R_m = 1 \times 0.15 \times 380 = 57\text{MPa}$$

$$P = \bar{p} \cdot B \cdot l = 57 \times 1700 \times 67 \approx 6.5\text{MN}$$

10.4.5　赵志业公式

我国学者赵志业运用滑移线理论，得出了适用于平砧锻压厚锻件和初轧时平均单位压力的公式，此公式主要考虑外区的影响。

$$\bar{p} = K\left(0.14 + 0.43\frac{l}{\bar{h}} + 0.43\frac{\bar{h}}{l}\right) \quad 1 \geqslant \frac{l}{\bar{h}} \geqslant 0.35 \tag{10-27}$$

$$\bar{p} = K\left(1.6 + 1.5\frac{l}{\bar{h}} + 0.14\frac{\bar{h}}{l}\right) \quad \frac{l}{\bar{h}} < 0.35 \tag{10-28}$$

【案例】 在 1150 初轧机上轧制低碳钢锭的某一道次，轧制温度 $t = 1130℃$，轧前尺寸 $H \times B = 378\text{mm} \times 720\text{mm}$，轧后尺寸 $h \times b = 330\text{mm} \times 710\text{mm}$，变形抗力 $K = 80.5\text{MPa}$，轧辊工作直径 $D_g = 1060$mm，轧机转速 $n = 55$r/min，计算该道次轧制压力。

解：

$$\Delta h = H - h = 378 - 330 = 48\text{mm}$$

$$\bar{h} = \frac{H + h}{2} = \frac{378 + 330}{2} = 354\text{mm}$$

$$l = \sqrt{R \cdot \Delta h} = \sqrt{\frac{1060}{2} \times 48} \approx 159.5\text{mm}$$

$$\frac{l}{\bar{h}}=\frac{159.5}{354}=0.45$$

按式（10-27）计算平均单位压力：

$$\bar{p}=K\left(0.14+0.43\frac{l}{\bar{h}}+0.43\frac{\bar{h}}{l}\right)$$

$$=80.5\times\left(0.14+0.43\times0.45+0.43\times\frac{1}{0.45}\right)\approx104\mathrm{MPa}$$

$$P=\bar{p}F=104\times\frac{720+710}{2}\times159.5\approx11.86\mathrm{MN}$$

项目任务单

<table>
<tr><td rowspan="2">项目名称：
轧制压力</td><td>姓名</td><td></td><td>班级</td><td></td></tr>
<tr><td>日期</td><td></td><td>页数</td><td>共________页</td></tr>
</table>

一、判断

（　）1. 张力轧制可有效降低轧制压力。

（　）2. 在轧制过程中，轧辊与轧件单位接触面积上的作用力称为轧制力。

（　）3. 轧件宽度对轧制力的影响是轧件宽度越宽，轧制力越大。

（　）4. 轧制时的接触面积并不是指轧件与轧辊相接触部分的面积。

（　）5. 轧件有张力轧制和无张力轧制相比，有张力轧制时轧制压力更大。

（　）6. 接触面积是指轧件与轧辊相接触部分的面积。

（　）7. 在光滑的轧辊上轧制比在粗糙的轧辊上轧制时所需轧制力小。

二、选择

1. 计算冷轧板带钢平均单位压力的公式是（　　）。

A. 西姆斯公式　　B. 斯通公式　　C. 艾克隆德公式

2. 摩擦系数增加平均单位压力（　　）。

A. 增加　　B. 减小　　C. 不变

3. 在相同条件下，轧件的化学成分不同，轧制压力（　　）。

A. 相同　　B. 不同　　C. 与化学成分无关

4. 计算热轧板带钢平均单位压力的公式是（　　）。

A. 斯通公式　　B. 西姆斯公式　　C. 艾克隆德公式

5. 为了降低热轧时的轧制压力，应采用（　　）的方法。

A. 增大变形速度　　B. 增大轧辊直径　　C. 轧制时增大前、后张力

6. 可近似认为轧制压力是轧件变形时金属作用于轧辊上总压力的（　　）分量。

A. 垂直　　B. 水平　　C. 任意方向

7. 轧件作用于轧辊上的垂直力称为（　　）。

A. 正压力　　B. 轧制压力　　C. 作用力

8. 可导致轧制压力增大的因素是（　　）。

A. 轧件厚度增加　　B. 轧件宽度增加　　C. 轧辊直径减小

9. 在压下量、轧辊直径相同的条件下，随着轧件与轧辊间的摩擦系数的增加，平均单位压力会随之（　　）。

A. 减小　　B. 增大　　C. 不变

<table>
<tr><td rowspan="2">项目名称：
轧制压力</td><td>姓名</td><td></td><td>班级</td><td></td></tr>
<tr><td>日期</td><td></td><td>页数</td><td>共________页</td></tr>
<tr><td colspan="5">三、计算
1. 某平辊钢板轧机的变形区长度为 40mm，轧件入口宽度 100mm，出口宽度 110mm。计算轧辊和轧件的接触面积。

2. 在工作辊直径 $D=400$mm 的四辊冷轧机上，用 $H\times B=1.85$mm $\times$ 1000mm 的带坯轧成 0.38mm $\times$ 1000mm 的带钢卷，钢种为含碳 0.17% 的低碳钢，第三道由 0.5mm 轧到 0.38mm，前张力为 30×10^3N，后张力为 50×10^3N，$v=3$m/s，$f=0.05$，计算第三道的轧制压力。

</td></tr>
</table>

检查情况		教师签名		完成时间	

项目11　轧制力矩及主电机校核

【项目提出】

轧制力矩是验算轧机主电机能力和传动机构强度的重要参数。轧钢生产中，在确定每道次的压下量时，必须考虑到电动机所输出的功率不应超过电动机本身所允许的最大功率。因此了解和掌握轧制力矩的确定方法，了解轧制时在电机轴上所应负担的扭矩，是验算现有轧机和设计新轧机的重要力能参数。

【知识目标】

（1）了解轧制力矩的组成和主电机容量的校核方法。

（2）熟悉轧制图表和电机力矩图的绘制。

【能力目标】

（1）会描述轧制力矩及其组成。

（2）能识别轧制力矩、附加摩擦力矩、空转力矩和动力矩。

（3）能计算轧制力矩和电机力矩。

（4）会校核主电机的容量。

任务11.1　电机力矩的确定

11.1.1　电机力矩的组成

在轧制过程中，传动轧机的主电动机必须克服作用在其轴上的负荷力矩，才能使轧辊转动。轧制时作用在主电机轴上的负荷力矩由以下四部分组成：

（1）轧制力矩。轧制时轧件对轧辊的轧制压力所引起的阻力矩，用 M_k 表示。

（2）附加摩擦力矩。轧制时在轧辊轴承、传动机构中由于摩擦力而引起的阻力矩，用 M_f 表示。

（3）空载力矩。轧机空转时由于各转动零件的重力所产生的摩擦力矩，用 M_k 表示。

（4）动力矩。轧制速度变化时各转动部件所产生的惯性矩，用 M_d 表示。

由此可得，主电动机所输出的力矩为：

$$M_D = \frac{M_Z}{i} + M_f + M_k + M_d \tag{11-1}$$

式中　M_D——换算到电机轴上的传动力矩；

i——轧辊与主电机间的传动比。

组成传动轧辊的力矩的前三项为静力矩，用 M_j 表示，即：

$$M_j = \frac{M_Z}{i} + M_f + M_k \qquad (11-2)$$

静力矩对任何轧机都是必不可缺少的。在静力矩中，轧制力矩是使金属产生塑性变形的有效力矩，而附加摩擦力矩和空载力矩是消耗于摩擦的无效力矩。

主电机轴上的轧制力矩与静力矩之比的百分数称为轧机的效率，即：

$$\eta = \frac{M_Z}{iM_j} \qquad (11-3)$$

轧机效率随轧制方式和轧机结构不同（主要是轧辊的轴承构造）而在相当大的范围内变化，其平均值一般为 $\eta=0.5\sim0.95$。

11.1.2 电机力矩的确定

11.1.2.1 轧制力矩的确定

在传动轧辊所需的力矩中，轧制力矩是最主要的。确定轧制力矩有两种方法：按轧制力计算和利用能耗曲线计算。前者对板带材等矩形断面轧件计算较精确，后者用于计算各种非矩形断面的轧制力矩。

A　按金属对轧辊的作用力计算轧制力矩

在简单轧制时，由于对称关系，轧件作用于上、下轧辊的轧制压力 P_1、P_2 是大小相等、方向相反的，如图 11－1 所示，轧制压力作用点与出口断面间圆弧所对应的圆心角（压力作用角）为 ϕ，轧制压力到出口断面的垂直距离（即力臂）为 a。

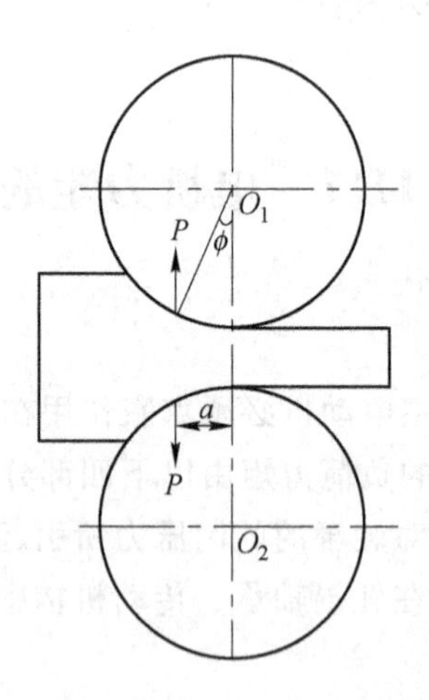

图 11－1　简单轧制时作用在轧辊上的力

如果不考虑轧辊中的摩擦损失，则传动一个轧辊所需的力矩等于轧制压力 P 与其力臂 a 的乘积，即：

$$M_1 = Pa = P \cdot \frac{D}{2} \cdot \sin\phi \qquad (11-4)$$

显然，传动两个轧辊所需力矩为：

$$M_Z = 2Pa = PD\sin\phi \tag{11-5}$$

因此，只要能确定出压力作用角 ϕ，就可以按上式计算轧制力矩。

实际计算时，常借助力臂系数 ψ 来确定轧制压力作用点的位置。

力臂系数——轧制压力的力臂长度与变形区长度之比。简单轧制时，力臂系数可表示为：

$$\psi = \frac{\beta}{\alpha} \approx \frac{a}{l} \tag{11-6}$$

式中　l——变形区长度。

由此可得，在简单轧制情况下，传动两辊所需克服的轧制力矩为：

$$M_Z = 2P\psi l = 2P\psi\sqrt{R\Delta h} \tag{11-7}$$

力臂系数 ψ 可按表 11 - 1 的经验数据选取。

表 11 - 1　力臂系数经验数据

轧制条件	力臂系数 ψ	轧制条件	力臂系数 ψ
热轧方断面轧件	0.5	在闭口孔形中轧制	0.7
热轧圆断面轧件	0.6	连轧带钢前几个机座	0.48
热轧厚度较大时	0.5	连轧带钢后几个机座	0.39
热轧薄板	0.42 ~ 0.45	冷轧	0.35 ~ 0.45

B　按能耗曲线计算轧制力矩

根据轧制压力来计算轧制力矩的方法虽然应用较广泛，但由于力臂系数很难精确地确定，故计算结果不准确。特别是在计算异型断面型钢的轧制力矩时，不仅计算复杂，而且往往计算结果与实际差别很大。在很多情况下，按轧制时的能量消耗来计算轧制力矩是合理的，计算也较简便。当有和计算的轧制条件相同的实验数据时，可不必专门计算平均单位压力和接触面积，也可较准确可靠地计算出轧制力矩。这种方法在工厂中广泛采用，它不仅应用于型钢轧制，在其他各种轧制条件下，用它来计算轧制力矩的也很多。

a　单位能耗与能耗曲线

（1）单位能耗：轧机每小时轧制 1t 轧件所消耗的电机能量称为单位能耗。若轧机小时产量为 Q 吨/小时，功率消耗为 N 千瓦 · 小时，则单位能耗为：

$$w = \frac{N}{Q} = \frac{UI}{Q \times 10^3} \quad (\text{kW} \cdot \text{h/t}) \tag{11-8}$$

式中　U——电动机电枢电压；

　　I——电动机电枢电流。

（2）能耗曲线：根据实际轧制时的电压与电流值求出轧制时实际消耗的功率，经加工整理绘制成的所轧轧件的电机功率与压下量或轧出厚度间定量关系的曲线。单位能耗曲线对于型钢和钢坯等轧制时，一般表示为单位能耗与累积延伸系数的关系，如图 11 - 2 所示。而对于板带材轧制一般表示为单位能耗与板带材厚度的关系，如图 11 - 3 所示。

b　按能耗曲线确定轧制力矩

轧制时消耗的能量 A 与轧制力矩的关系可表示为：

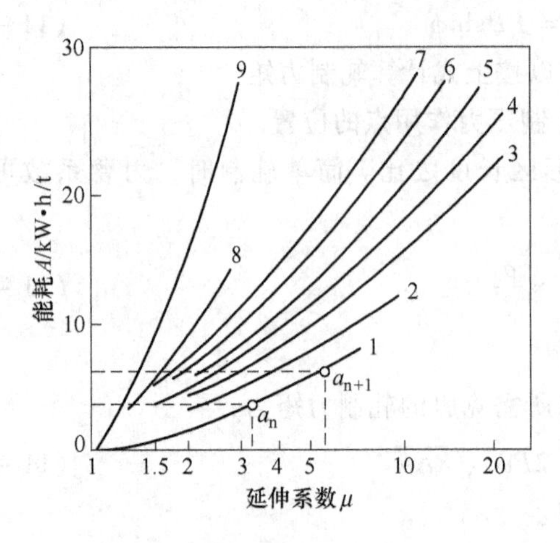

图 11-2　开坯、型钢和钢管轧机的典型能耗曲线

1—1150 板坯机；2—1150 初轧机；3—250 线材连轧机；4—350 布棋式中型轧机；5—700/500 钢坯连轧机；6—750 轨梁轧机；7—500 大型轧机；8—250 自动轧管机；9—250 穿孔机组

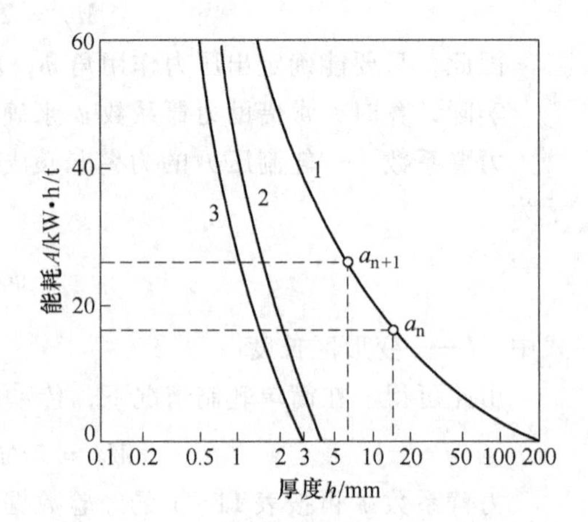

图 11-3　板带钢轧机的典型能耗曲线

1—1700 连轧机；

2—三机架冷连轧低碳钢；

3—五机架冷连轧铁皮

$$M_Z = \frac{A}{\theta} = \frac{A}{\omega t} = \frac{AR}{vt} \tag{11-9}$$

式中　θ——轧件通过轧辊期间轧辊的转角，(°)；

ω——角速度，1/s；

t——时间，s；

R——轧辊半径，m；

v——轧辊圆周速度，m/s。

由前滑公式 $s_h = \frac{v_h - v}{v} = \frac{v_h}{v} - 1$ 得：

$$v \cdot t = \frac{v_h \cdot t}{1 + s_h} = \frac{L}{1 + s_h} \tag{11-10}$$

式中　v_h——轧件离开轧辊的速度；

s_h——前滑值；

L——轧件长度。

将式（11-10）代入式（11-9）得：

$$M_Z = \frac{AR(1 + s_h)}{L} \tag{11-11}$$

由能耗曲线图 11-2、图 11-3 知：第 n 道次的累积单位能耗为 a_n，第 $n+1$ 道次的累积单位能耗为 a_{n+1}，第 $n+1$ 道次的单道次单位能耗为（$a_{n+1} - a_n$），如轧件质量为 G，则 $n+1$ 道次的总能耗为：

$$A = (a_{n+1} - a_n) \cdot G \quad (\text{kW} \cdot \text{h}) = 3.6 \times (a_{n+1} - a_n) \cdot G \times 10^6 \quad (\text{MJ}) \tag{11-12}$$

将式（11-12）代入式（11-11）得：

$$M_Z = \frac{3.6 \times 10^6 (a_{n+1} - a_n) GR(1 + s_h)}{L} \quad (\text{N} \cdot \text{m}) \tag{11-13}$$

因为轧制时的能量消耗一般是按电机负荷测量的，故按能耗曲线确定的能耗还包括了轧辊轴承及传动机构中的附加摩擦损耗，但除去了轧机的空转损耗，并且不包括与动力矩相对应的动负荷的能耗。因此，按能量消耗确定的力矩是轧制力矩 M_Z 和附加摩擦力矩 iM_f 之总和。故：

$$\frac{M_Z}{i}+M_f=\frac{3.6\times10^6(a_{n+1}-a_n)GR(1+s_h)}{L}\quad(N\cdot m)$$

$$=1.8\times(a_{n+1}-a_n)(1+s_h)GD/L\quad(MN\cdot m)\tag{11-14}$$

将 $G=F_hL\gamma$ 代入式（11-14），并取钢的密度 $\gamma=7.8\times10^3kg/m^3$ 且忽略前滑，则式（11-14）可改写为：

$$\frac{M_Z}{i}+M_f=14\times(a_{n+1}-a_n)F_h\cdot D\quad(MN\cdot m)\tag{11-15}$$

式中　F_h——轧件横截面积；

D——轧辊直径。

c　使用能耗曲线时应注意的问题

由于能耗曲线是在一定的轧机、在一定的温度和速度条件下，对一定规格的产品和钢种测得的。所以在实际计算时，必须根据具体的轧制条件选取合适的曲线。在选取时通常应注意以下几个问题：

（1）轧机的结构及轴承的形式应该相似。如用同样的坯料轧制相同的断面产品，在连续式轧机上，单位能耗较横列式轧机上小，在使用滚动轴承的轧机上单位能耗要比采用普通滑动轴承的轧机低 10% ~60% 。

（2）选取的能耗曲线的轧制温度及其轧制过程应该接近。因在热轧时温度对轧制压力的影响很大。

（3）曲线对应的坯料的原始断面尺寸，应与欲轧制的坯料相同或接近，在热轧时可大于欲轧制的坯料断面尺寸。

（4）曲线对应的轧制品种和最终断面尺寸应与欲轧制的轧件相同或接近。例如在断面尺寸和延伸系数相同的条件下，轧制钢轨消耗的能量比轧制圆钢和方钢的大。因为在异形孔型中轧制时金属与轧辊表面间的摩擦损失比较大，轧件的不均匀变形要消耗附加能量，并且钢轨的表面积大，散热和温降快。

（5）曲线对应的金属应与欲轧制的金属相同或接近，以保证变形抗力值相近。

（6）对于冷轧，曲线对应的工艺润滑条件和张力数值应与考虑的轧制过程相近。

11.1.2.2　附加摩擦力矩的确定

轧制时，在轧辊轴承中及轧机传动机构中都有摩擦力产生，克服这些摩擦力所需的力矩就是所谓的附加摩擦力矩。

附加摩擦力矩由两部分组成，一部分为轧辊轴承中的摩擦力矩 M_{f_1}，另一部分为传动机构中的摩擦力矩 M_{f_2}。

A　轧辊轴承中的摩擦力矩

对普通二辊轧机（共四个轴承）而言，此力矩值为：

$$M_{f_1} = \frac{P}{2} f_1 \frac{d_1}{2} \cdot 4 = P \cdot d_1 \cdot f_1 \tag{11-16}$$

式中 M_{f_1}——轧辊轴承中的摩擦力矩；

P——轧制压力；

d_1——轧辊辊颈直径；

f_1——轧辊轴承摩擦系数，它取决于轴承构造和工作条件，一般可按表11－2所列经验数据选取。

表11－2 轧辊轴承摩擦系数

轴承类型	摩擦系数f_1	轴承类型	摩擦系数f_1
金属瓦轴承热轧时	0.07～0.10	滚动轴承	0.005～0.01
金属瓦轴承冷轧时	0.05～0.07	液体摩擦轴承	0.003～0.005
树脂轴瓦（胶木瓦）	0.01～0.03		

B 传动机构中的摩擦力矩

轧机传动机构，如图11－4所示中的摩擦力矩由连接轴、齿轮机座、减速机和主电机联轴器等部分的摩擦力矩组成。此传动系统的附加摩擦力矩根据传动效率按下式计算：

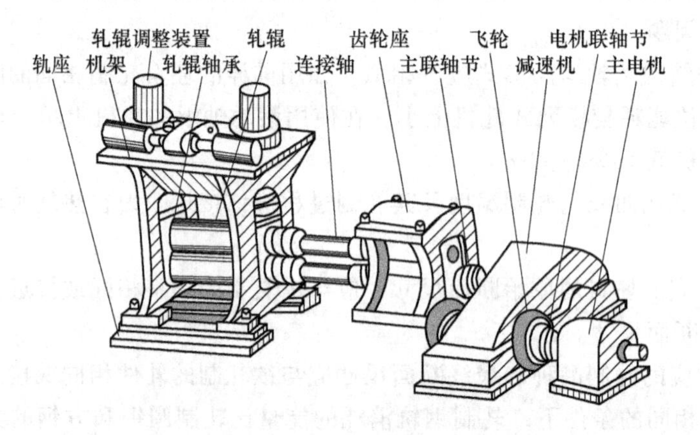

图11－4 轧机主机列传动装置示意图

$$M_{f_2} = \left(\frac{1}{\eta'} - 1\right)\frac{M_Z + M_{f_1}}{i} \tag{11-17}$$

式中 M_{f_2}——换算到主电机轴上的传动机构的摩擦力矩；

η'——传动机构的总传动效率，即从主电机到轧机的总传动效率，为传动装置中各部分传动效率的乘积，可按表11－3所列经验数据选取。

表11－3 传动装置的传动效率

传动装置		传动效率η'	传动装置	传动效率η'
梅花接轴		0.94～0.96	一级齿轮减速机传动	0.95～0.98
万向接轴	倾角$\theta \leqslant 3°$	0.96～0.98	多级齿轮减速机传动	0.92～0.94
	倾角$\theta > 3°$	0.94～0.96	皮带传动	0.85～0.90
滑动轴承齿轮机座		0.92～0.94		

C 换算到主电机轴上总的附加摩擦力矩

换算到主电机轴上总的附加摩擦力矩为：

$$M_f = \frac{M_{f_1}}{i} + M_{f_2} = \frac{M_{f_1}}{i\eta'} + \left(\frac{1}{\eta'} - 1\right)\frac{M_Z}{i} \tag{11-18}$$

对于有支持辊的四辊轧机，附加摩擦力矩为：

$$M_f = \frac{M_{f_1}}{i\eta'} \times \frac{D_1}{D_2} + \left(\frac{1}{\eta'} - 1\right)\frac{M_Z}{i} \tag{11-19}$$

式中 D_1，D_2——工作辊、支持辊直径。

11.1.2.3 空载力矩的确定

空载力矩是指空载转动轧机主机列所需力矩，为各转动零件（如轧辊、连接轴、齿轮机座、减速机、飞轮等）的质量在轴承中引起的摩擦力矩的总和。即：

$$M_k = \sum \frac{G_i f_i d_i}{2i_i} \tag{11-20}$$

式中 G_i——所计算零件的质量；

f_i——所计算零件轴承中的摩擦系数；

d_i——所计算零件的轴颈直径；

i_i——主电机与所计算零件的传动比。

按上式计算甚为繁杂，通常可按经验办法来确定。即：

$$M_k = (0.03 \sim 0.06)M_H \tag{11-21}$$

式中 M_H——主电机的额定力矩。

或按下式确定：

$$M_k = (0.06 \sim 0.1)M_Z \tag{11-22}$$

11.1.2.4 动力矩的确定

动力矩只发生在某些轧辊不匀速转动的轧机上，如带飞轮的轧机、在每个轧制道次中进行调速的可逆式轧机等。动力矩的大小可按下式确定：

$$M_d = J\frac{d\omega}{dt} \tag{11-23}$$

式中 $\frac{d\omega}{dt}$——角加速度，rad/s²，$\frac{d\omega}{dt} = \frac{2\pi}{60} \cdot \frac{dn}{dt}$；

$\frac{dn}{dt}$——回转体和加速度，r/(min · s)；

J——惯性力矩。

惯性力矩通常用回转力矩 GD^2 表示，即：

$$J = \frac{GD^2}{4} \tag{11-24}$$

式中 D——回转体的直径，m；

G——回转体的质量，kg。

于是，动力矩可表示为：

$$M_d = \frac{GD^2}{4} \times \frac{2\pi}{60} \times \frac{dn}{dt} = \frac{GD^2}{38.2} \cdot \frac{dn}{dt} \quad (N \cdot m) \tag{11-25}$$

任务11.2　轧制图表与电机力矩图的绘制

11.2.1　轧制图表

轧钢机的主电机在工作时，其负荷处于经常变化之中。为了校核和选择轧机主电机的容量，必须绘制出表示主电机负荷随时间变化的曲线——静力矩图，而绘制静力矩图时往往要借助于表示轧机工作状态的轧制图表。如图11－5(a) 所示为横列式轧机的轧制图表。在轧制图表中表示了轧制道次与时间的关系。纵坐标表示轧机的排列和各轧机上的轧制道次的分配，横坐标表示完成某一轧制过程所需要的时间。由于轧钢机形式、布置和轧制方法不同，因此它们的轧制图表也各不相同。图11－5(a) 为由两个机架组成的横列式轧机，在第一机架上轧制三道，第二机架上轧制两道，在轧制过程中无交叉过钢时的轧制图表。图中 t_1，t_2，…，t_5 为各道次的纯轧时间，t'_1，t'_2，…，t'_5为各道次轧后的间隙时间，其中 t'_3为轧件由第一机架横移到第二机架所用的时间，t'_5为前后两轧件的间隙时间。图11－6(a) 所示为采用交叉轧制的横列式轧机的轧制图表。

11.2.2　静力矩图的绘制

如图11－5(b) 所示为横列式轧机单根过钢时主电机负荷变化的静力矩图。轧制过程中主电动机负荷随时间而变化，在每道次的纯轧时间内，主电机轴上作用的负荷力矩即为该道次的静力矩。在间隙时间内，则只有空载力矩。

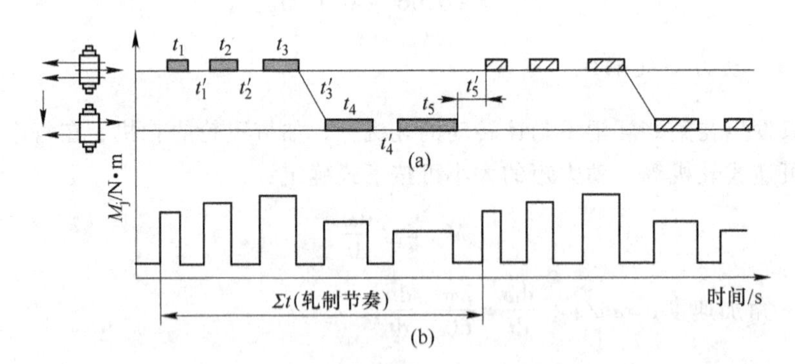

图11－5　单根过钢时的轧制图表与静力矩图（横列式轧机）

(a) 轧制图表；(b) 静力矩图

如图11－6(b) 为交叉过钢时的静力矩图。由于两个机架由一个主电机传动，因此静力矩图就必须在两架轧机同时轧制的时间内将负荷力矩进行叠加。但应注意，在两个或两个以上轧机同时进行轧制时，空载力矩只有一个，是不能叠加的。

根据轧机的布置、传动方式和轧制方法的不同，其轧制图表的形式各有差异，但绘制静力矩图的叠加原则不变，如图11－7所示。

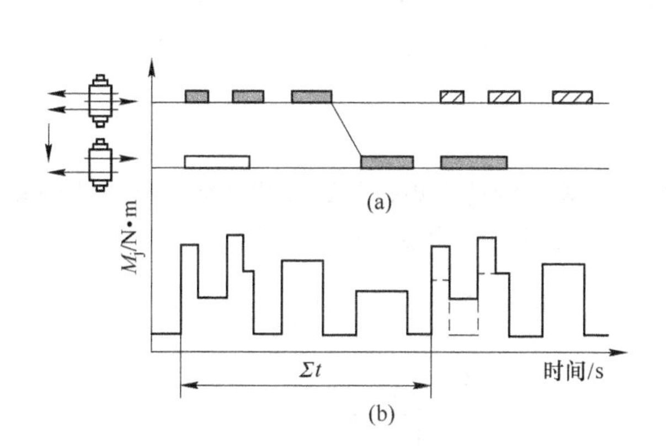

图 11－6　交叉过钢时的轧制图表与静力矩图（横列式轧机）

（a）轧制图表；（b）静力矩图

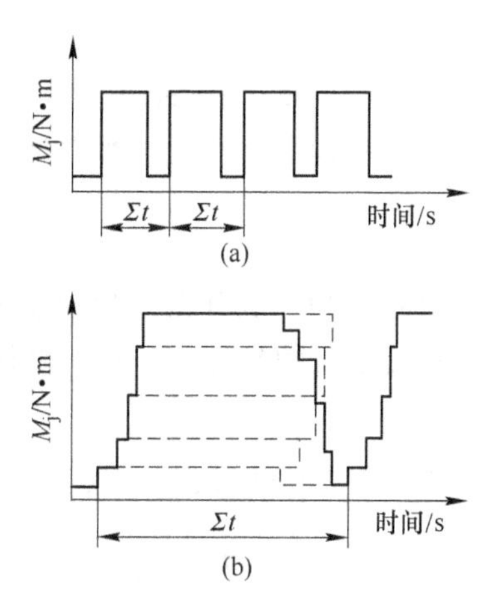

图 11－7　静力矩图的其他形式

（a）纵列式或单独传动的连轧机；

（b）集体传动的连轧机

11.2.3　电机负荷图的绘制

在某些轧制条件下，由于轧辊的转速不均匀而产生动力矩。动力矩图的绘制是在静力矩图的基础上进行的。

11.2.3.1　带飞轮的电机负荷图的绘制

A　带飞轮时电机力矩的确定

在某些不可逆式轧机上，一般在减速机的高速轴上装有一个或一对飞轮作为蓄能器，以均衡主电机在轧制和间隙时间内的传动负荷。当轧辊空转时，飞轮加速，积蓄能量；在轧制时，飞轮减速，放出能量。因此，当考虑飞轮影响时，在电机轴上的传动负荷为：

$$M_D = M_j + \frac{GD^2}{38.2} \times \frac{dn}{dt} \tag{11-26}$$

式中　GD^2——飞轮和旋转部件推算到电机轴上的飞轮惯量。

假设电机电机转速的下降正比于电机负荷的增加，如图 11－8 所示，即：

$$n = a - b \cdot M_D \tag{11-27}$$

式中，a、b 为电机常数，在电机特性参数中给出。若以 n_0 表示负荷为 0 时的电机转速，以 n_H 表示负荷为额定力矩时 M_H 时的电机转速，即：

$$a = n_0,\quad b = \frac{n_0 - n_H}{M_H}$$

则式（11－27）可以改写成：

$$n = n_0\left(1 - \frac{n_0 - n_H}{n_0} \cdot \frac{M_D}{M_H}\right) \tag{11-28}$$

式中　$\frac{n_0 - n_H}{n_0}$——电机额定转差率，用 S_H 表示，一般 $S_H = 3\% \sim 10\%$。

对式（11－28）求导后代入式（11－26），经整理、积分得到：

$$M_D = M_j - (M_j - M_0)e^{-t/T} \tag{11-29}$$

式中 M_0——时间 $t=0$ 时电机的初始力矩；

T——电机－飞轮惯性常数。

$$T = \frac{GD^2 n_0 S_H}{38.2 M_H} \tag{11-30}$$

式（11－29）为轧制时的动态方程，它表明传动力矩按指数曲线变化。该曲线的渐近线为一平行于时间坐标、与时间坐标相距 M_j 的直线，如图 11－9 所示。

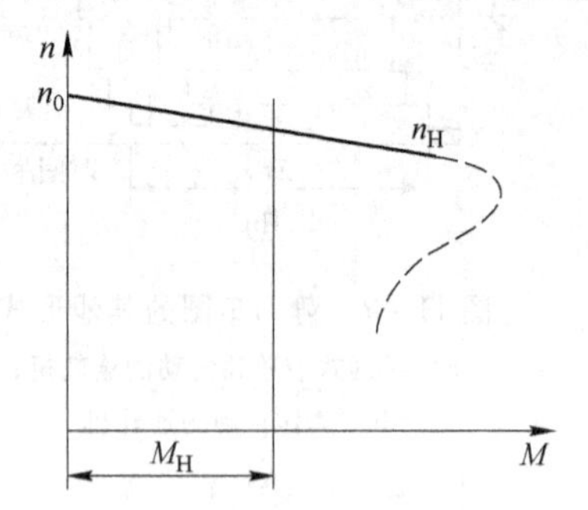

图 11－8 电机转速 n 与负荷 M 的关系曲线

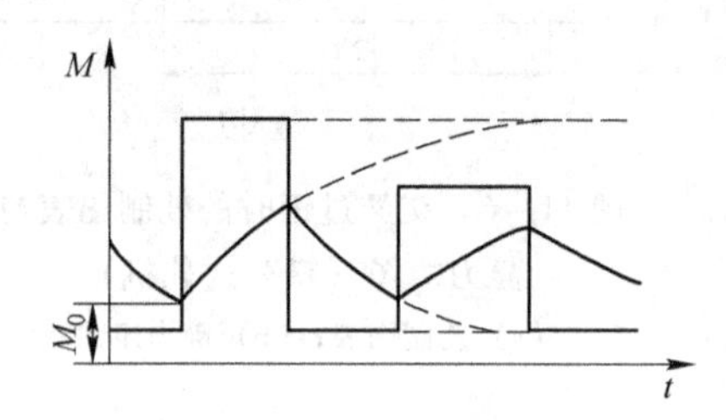

图 11－9 带飞轮的传动负荷与时间的变化关系

在传动装置空转期间，$M_j = M_k$，且 $M_0 > M_k$ 时，得到间隙时间内电机的负荷动态方程：

$$M_D = M_k - (M_j - M_0)e^{-t/T} \tag{11-31}$$

B 带飞轮时电机负荷图的绘制

当轧制道次较多时，用式（11－29）和式（11－31）解析电机力矩很浪费时间，实际计算中常采用样板曲线作图。方法和步骤如下：

（1）按负荷图的将下述方程的曲线画在纸板上作出样板，如图 11－10 所示。

$$M' = M_j'(1 - e^{-t/T}) \tag{11-32}$$

式中 M_j'——轧制节奏中的最大静力矩。

（2）将已做成的样板按曲线剪下，叠放在静力矩图上，使曲线与初始力矩 M_0 相切，渐近线与时间坐标平行或与静力矩的直线重合，在相应道次时间内描绘出样板轮廓，如图 11－11(a) 所示。

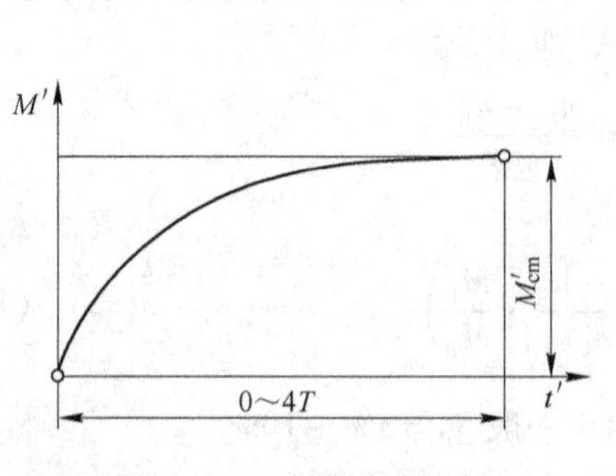

图 11－10 样板曲线绘制

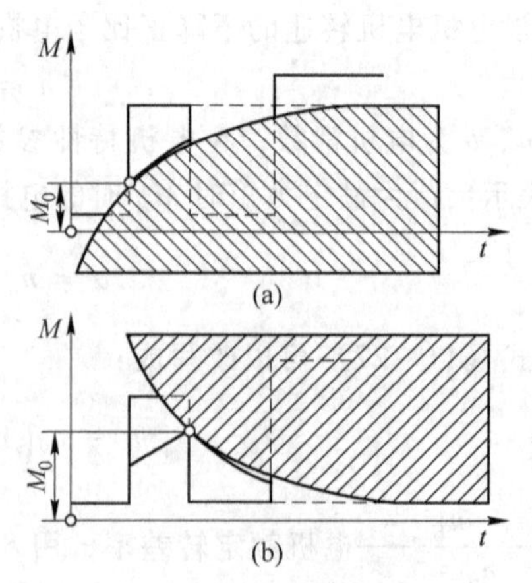

图 11－11 按样板曲线绘制飞轮力矩图

(3) 将样板反转 180°叠放，按上一步画出间隙时间内的样板轮廓，如图 11－11(b)所示。

(4) 重复第 (2) 和 (3) 步，直到所有道次和间隙时间的样板轮廓画完为止。

在采用样板曲线作图时，初始力矩 M_0 较难确定。作图时，可先取比 M_k 稍大的一点作为假设的 M_0 点。然后在一个负荷周期内，通过起点到终点再返回起点画样板轮廓。若返回时与起点重合，则该点就是 M_0 点；若不重合，调整起点位置，重新通过起点到终点再返回起点画样板轮廓，直到重合为止。

11.2.3.2　可调速轧机的电机负荷图的绘制

A　可调速轧机的速度制度

可调速轧机通常是以直流电机传动的，这种轧机不管可逆或不可逆，一般都是采用低速咬入、高速轧制的工作制度。其速度图的形式如图 11－12(a) 所示由五部分组成，即空载加速阶段、加速轧制阶段、等速轧制阶段、减速轧制阶段、空载减速阶段，五个阶段的时间分别用 t_1，t_2，…，t_5 表示。图中 n_k 表示空载转速，n_1 为咬入转速，n_2 为轧机的限定转速，n_3 为抛出转速，n_H 为电机额定转速。

B　可调速轧机的传动力矩的确定

如图 11－12 所示，各阶段传动力矩的确定方法如下。

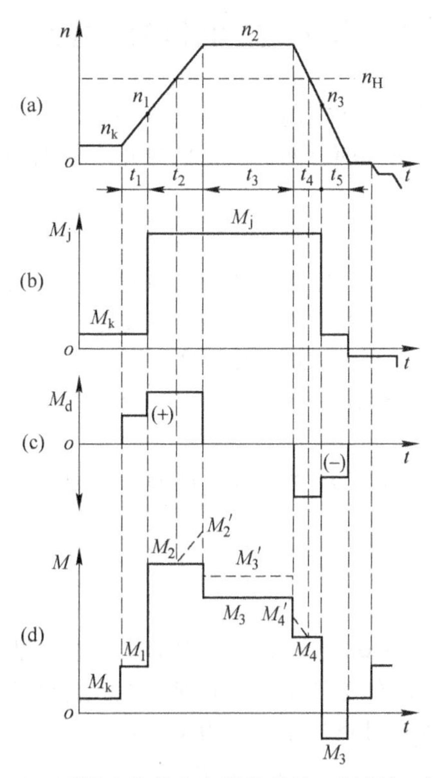

图 11－12　可调速轧机主电机的转速、扭矩与时间的关系

(1) 空载加速阶段。由空载到轧件被轧辊咬入时刻称为空载加速，这一阶段的传动力矩为：

$$M_1 = M_k + \frac{GD^2}{38.2} \cdot a \qquad (11-33)$$

（2）加速轧制阶段。由轧件被轧辊咬入时刻到轧辊加速到事先选定的限定转速为止，这一阶段的传动力矩为：

$$M_2 = M_j + \frac{GD^2}{38.2} \cdot a \qquad (11-34)$$

（3）等速轧制阶段。这一阶段的轧辊转速不变，传动力矩为：

$$M_3 = M_j \qquad (11-35)$$

（4）减速轧制阶段。轧件快要轧完时开始减速，到轧件被轧辊抛出为止，这一阶段的传动力矩为：

$$M_4 = M_j - \frac{GD^2}{38.2} \cdot b \qquad (11-36)$$

（5）空载减速阶段：轧件被轧辊抛出到轧机速度减小到0，这一阶段的传动力矩为：

$$M_5 = M_k - \frac{GD^2}{38.2} \cdot b \qquad (11-37)$$

当电机转速大于额定转速 n_H 时，电机将在弱磁状态下工作，此时应对相应阶段的传动力矩作出修正，其方法是将该时段电机力矩乘以系数 n/n_H，其中 n 为电机实际转速，如图11－12所示。

任务11.3 主电机容量校核

为了保证主电机的正常工作，在轧制时，主电机必须同时满足不过载、不过热两个要求。校核时，通常是以一个负荷周期时间内负荷的变化为依据的。

11.3.1 过载校核

主电机允许在短暂时间内、在一定限度内超过额定负荷进行工作。即主电机负荷力矩中最大力矩不超过电机额定力矩与过载系数的乘积，电动机即能正常工作：

$$M_{max} \leqslant \lambda M_H \qquad (11-38)$$

式中 λ——主电机的允许过载系数；

M_H——电机额定力矩。

一般对直流电动机 $\lambda = 2.5 \sim 3$，对不带飞轮的交流电动机 $\lambda = 1.5 \sim 3$，对带有飞轮的交流电机 $\lambda = 4 \sim 6$。

11.3.2 发热校核

保证电动机正常运转的另一条件是稳定运转时不过热，即电动机的温升不超过允许值。这就要控制电动机在运转时的工件电流不超过电机允许的额定电流。由于电枢电流与负荷力矩成正比关系，电动机不过热的条件可表示为：

$$M_{均} \leqslant M_H \qquad (11-39)$$

而

$$M_{均} = \sqrt{\frac{M_1^2 t_1 + M_2^2 t_2 + \cdots + M_n^2 t_n}{\sum t_i}} = \sqrt{\frac{\sum M_i^2 t_i}{T}}$$

式中 $M_{均}$——均方根力矩或称等效力矩：

M_i——一个负荷周期内各个负荷段的负荷力矩；

t_i——与上述力矩对应的负荷时间；

T——负荷周期时间，$T=\Sigma t_i$。

项目任务单

项目名称：轧制力矩及主电机校核	姓名		班级	
	日期		页数	共____页

一、判断

(　) 1. 轧机每小时轧制 1t 轧件所消耗的电机能量称为单位能耗。

(　) 2. 轧件变形时轧件对轧辊的作用力所引起的阻力矩称为轧制力矩。

(　) 3. 轧制力矩是使金属产生塑性变形的有效力矩，而附加摩擦力矩和空载力矩属消耗于摩擦的无效力矩。

(　) 4. 轧机的静力矩中，空载力矩也是有效力矩。

(　) 5. 换算到主电机轴上的轧制力矩与静力矩的比值称为轧机效率。

二、选择

1. 主电机传动力矩由静力矩和动力矩组成，而静力矩中（　　）为有效力矩。

A. 轧制力矩　　B. 附加摩擦力矩　　C. 空转力矩

2. 轧制力矩与静力矩之比的百分数称为（　　）。

A. 轧机的效率　　B. 电机的效率　　C. 力矩系数

3. 静力矩由轧制力矩、附加摩擦力矩和（　　）组成。

A. 空转力矩　　B. 惯性矩　　C. 动力矩

4. 主电机输出力矩由静力矩和（　　）组成。

A. 轧制力矩　　B. 附加摩擦力矩　　C. 动力矩

5. 轧制力矩等于轧制压力与（　　）的乘积。

A. 轧辊半径　　B. 变形区长度　　C. 力臂

三、计算

在 $\phi 650$ 开坯机上轧制方形轧件的某一道次的轧辊工作直径为 470mm，压下量为 28mm，轧制压力为13×10^5N，试计算该道次的轧制力矩。

检查情况		教师签名		完成时间	

项目 12 轧制时的弹塑性曲线

【项目提出】

在轧制过程中，由于轧制压力的作用，使轧机整个机座产生弹性变形，轧件产生塑性变形。轧制时的弹塑性曲线把轧制过程中的轧件与轧机的情况有机地结合起来，通过弹塑性曲线可以很清晰在分析轧制过程中造成厚度波动的各种原因，而且弹塑性曲线还是生产过程中进行厚度自动控制的基础，在厚度自动控制方面已获得日益广泛的应用。因此，了解和熟悉弹塑性曲线具有很重要的理论和实际意义。

【知识目标】

掌握轧制时的弹塑性曲线及其实际意义。

【能力目标】

(1) 会描述轧制时的弹塑性曲线及其实际意义。
(2) 能应用弹塑性曲线分析厚度波动的原因。
(3) 具有根据弹塑性曲线正确调整轧机的能力。

任务 12.1 认知轧制时的弹塑性曲线

12.1.1 轧机的弹性曲线

轧制过程中，轧辊对轧件施加的压力使轧件产生塑性变形，使轧件从入口厚度 H 压缩到出口厚度 h，与此同时，轧件也给轧辊以同样大小、方向相反的反作用力，这个反作用力传到工作机座中的轧辊、轧辊轴承、轴承座、压下装置、机架等各个零件上，使各零件产生一定的弹性变形。这些零件的弹性变形积累后都反映在轧辊的辊缝上，使辊缝增大，如图 12-1 所示。这种现象称为弹跳或辊跳，其大小称为轧机的弹跳值。

在图 12-1 中，轧件进入轧辊之前，轧辊的开口度（原始辊缝）为 S'，轧件进入轧辊后，在轧制压力的作用下，工作机座产生弹性变形 ΔS，它使原始辊缝增大，造成实际压下量减小，轧件出口厚度大于原始辊缝值。如果忽略轧件离开轧辊后的弹性恢复，可以认为轧件轧后厚度就等于有载辊缝，即：

$$h = S' + \Delta S = S' + \frac{P}{K} \tag{12-1}$$

式中 S'——理论空载辊缝；

ΔS——轧机弹跳（辊跳）值，$\Delta S = P/K$；

P——轧制压力；

K——轧机工作机座的刚度系数。

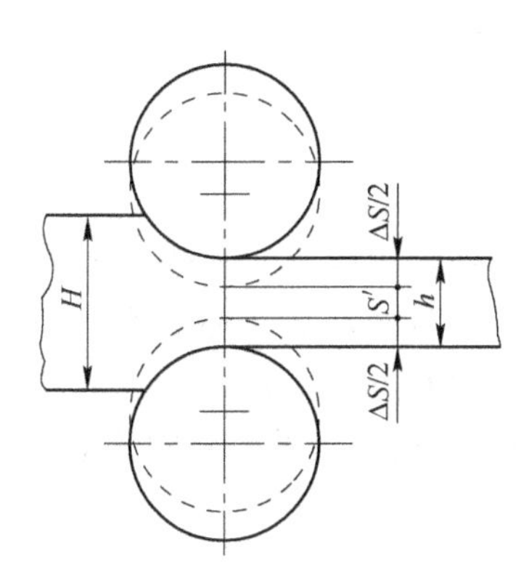

图 12－1　轧制时轧机产生的弹性变形

轧机刚度表示轧机工作机座抵抗弹性变形的能力，通常用刚度系数即轧机产生单位弹性变形时所需的轧制压力来衡量。K 值越大，表明工作机座产生单位弹性变形所需的轧制压力越大，说明轧机的刚度越大。

式（12－1）又称为轧机的弹跳方程。按轧机弹跳方程绘制的曲线称为轧机的弹性曲线，如图 12－2 所示，其斜率为轧机的刚性系数，图中 O 点称为工作点。

图 12－2 所示的曲线是理想状态下得出的。实际轧制条件下的弹性曲线在轧制压力较小的开始阶段，不是直线而是一小段曲线，当轧制压力达到一定程度时，弹性变形与轧制压力才近似呈线性关系，如图 12－3 所示。因为轧机各部件之间在加工及装配过程中产生了一定间隙，当轧制压力较小时，各部件之间的间隙随轧制压力的增大而逐渐消失，轧机各个零件之间还存在接触变形，此时各零件尚未开始弹性变形，所以弹性变形和轧制压力之间并不是线性关系。另外，这一非线性段还是不稳定的，每次换辊后都会有变化，特别是轧制压力接近于零时的变形（实际上是零件间的间隙变化）是很难准确测定的，所以在实践中，轧辊的实际零位很难确定。但由于实际生产中轧制压力都远远超过曲线部分的压力，因此可以人为地进行零位调整即人工零位。所谓人工零位就是先将轧辊预先压靠到一定的压力 P_0（预压靠力），然后将此时的辊缝指示清零（作为零点），以后轧制过程中均以此零位作为各道次共同工作的基础。根据图 12－3 可得：

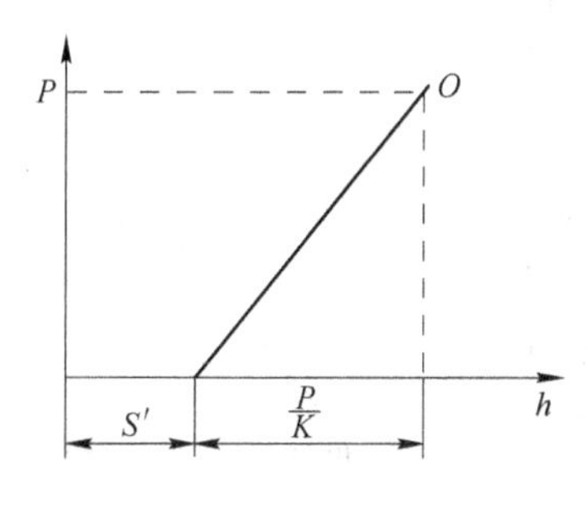

图 12－2　轧机弹性曲线

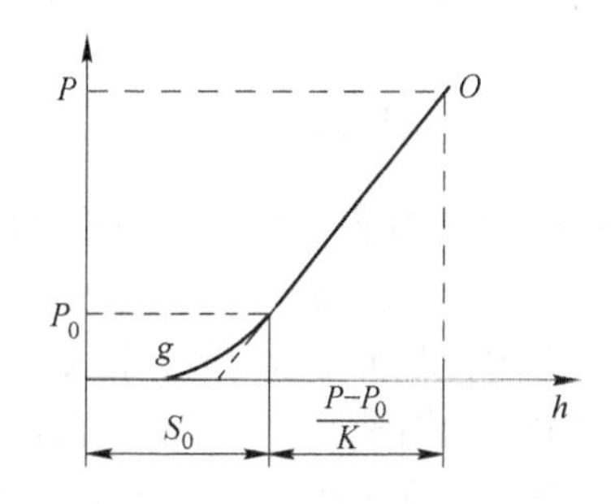

图 12－3　实际弹性曲线

$$h = S_0 + \frac{P - P_0}{K} \qquad (12-2)$$

式中 S_0——人工零位的辊缝仪指示值；

P_0——预压靠力。

12.1.2 轧件的塑性曲线

轧制时的轧制压力 P 是所轧带钢宽度 B、来料厚度 H 与出口厚度 h、摩擦系数 f、轧辊半径 R、温度 t、单位张力 q、变形抗力 σ_s 等的函数，即：

$$P = \phi(B、H、h、f、R、t、q、\sigma_s、v、C\cdots) \qquad (12-3)$$

式（12－3）称为金属的塑性方程，当除 h 外的其他因素一定时，轧制压力 P 将只随轧出厚度 h 而改变，即：

$$P = \phi(h) \qquad (12-4)$$

按此绘出的曲线称为轧件的塑性曲线，如图 12－4(a) 所示。塑性曲线与横坐标的交点为轧件入口厚度 H，图中 O 点为工作点。图 12－4(b) 为将工作点附近区域放大后的视图，在轧制压力微量变化的情况下，可把 AB 曲线段近似地看成直线，其斜率称为轧件的塑性刚度。

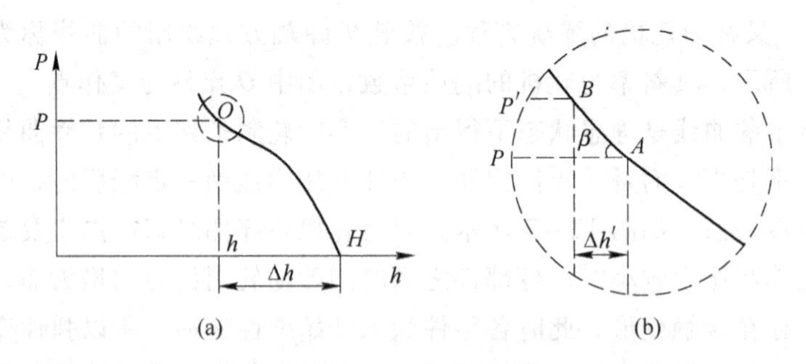

图 12－4 轧件的塑性曲线及塑性刚度

(a) 塑性曲线；(b) 塑性刚度

塑性刚度表征使轧件产生单位压下量所需的轧制压力增量。在计算机控制的情况下，可在一定压下量 Δh 下，测出一个轧制压力 P，然后在假定其他条件不变的情况下，增加 0.1mm 的压下量 $\Delta h'$，又可测出一个轧轧压力 P'，则塑性刚度便可确定为：

$$M = \tan\beta = \frac{P' - P}{\Delta h'} \qquad (12-5)$$

12.1.3 轧制时的弹塑性曲线

弹塑性曲线是轧机弹性曲线和轧件塑性曲线的总称。应用时可将两曲线的工作点重叠，得到以纵坐标为轧制压力 P、以横坐标为轧件厚度 h 的弹性曲线与塑性曲线的叠加图称为 $P-h$ 图，两曲线的交点 O 为工作点，对应的横坐标即为轧件轧出厚度 h，如图 12－5 所示。

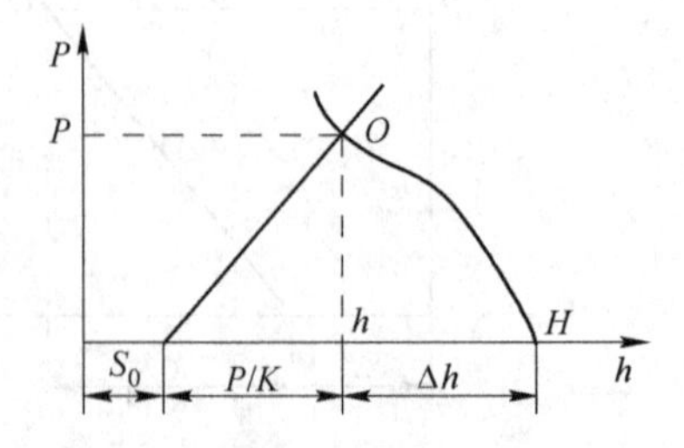

图 12－5 轧制时的弹塑性曲线

任务 12.2　了解弹塑性曲线的实际意义

12.2.1　弹塑性曲线的实际意义

轧制时的弹塑性曲线以图解的方式直观地表达了轧制过程的矛盾，它具有以下几个方面的实际意义。

12.2.1.1　根据弹塑性曲线可以清楚地分析轧制过程中轧件厚度的变化规律

由式（12－2）知，只要 S_0 和 P 发生变化，轧件出口厚度就不可能保持不变。比如当来料厚度有波动、材质有变化、张力变化、摩擦条件改变、温度波动等，都会使轧制压力 P 变化，从而引起产品尺寸偏差。此外，由于轧辊的热膨胀、磨损以及轧辊的偏心等，都会使 S_0 呈现周期性的变化，也会引起产品实际轧出厚度发生变化。

A　实际轧出厚度随辊缝而改变的规律

轧机的原始预调辊缝值 S_0 决定着弹性曲线的起始位置。随着压下位置设定的改变，S_0 将发生变化。在其他条件相同的情况下，它将按如图 12－6 的规律引起实际轧出厚度 h 的改变。例如，因压下调整，辊缝减小，则曲线 A 左移，从而使得 A 曲线和 B 曲线的交点即工作点由 O_1 变为 O_2，此时实际轧出厚度由 h_1 变为 h_2，$\Delta h_2 > \Delta h_1$，轧出厚度更小。

当采取预压靠轧制即在轧件进入轧辊以前，使上下轧辊以一定的预压靠力 P_0 互相压紧，相当于辊缝为负值，这样就能使轧出厚度更薄，此时实际轧出厚度变为 h_3（$<h_2$），其压下量为 Δh_3。

除上述情况外，在轧制过程中，因轧辊热膨胀、轧辊磨损以及轧辊偏心而引起的辊缝变化，也会引起 S_0 改变，从而导致轧出厚度发生变化。

B　实际轧出厚度随轧机刚度变化而改变的规律

轧机的刚度随轧制速度、轧制压力、轧件宽度、轧辊材质、工作辊与支持辊接触状况的变化而变化。所以，轧机的刚度系数不是固定的常数。

如图 12－7 所示，当轧机的刚度由 K_1 增加到 K_2 时，实际轧出厚度由 h_1 减小到 h_2。可见，提高轧机刚度有利于轧出更薄的轧件。

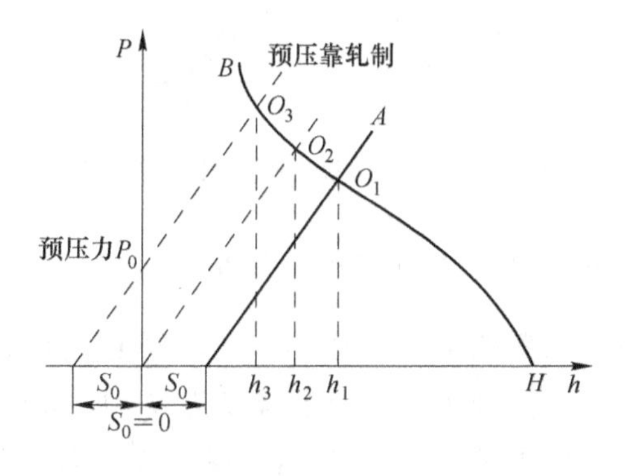

图 12－6　轧出厚度随辊缝而改变

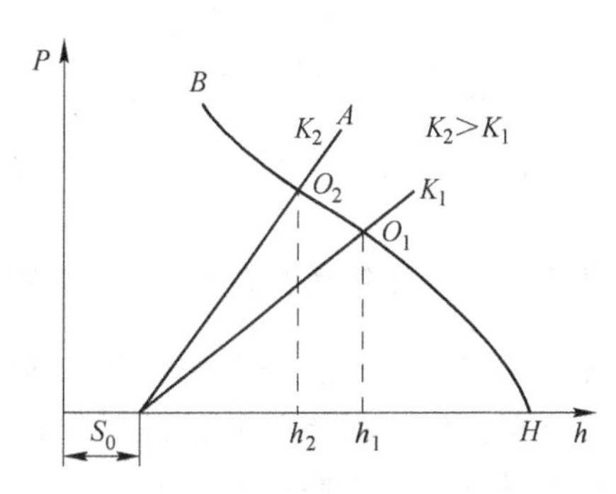

图 12－7　轧出厚度随轧机刚度而改变

C　实际轧出厚度随轧制压力而改变的规律

如前所述，所有影响轧制压力的因素都会影响轧件塑性曲线的相对位置和斜率，因此，即使在轧机弹性曲线的位置和斜率不变的情况下，所有影响轧制压力的因素都可以通过改变弹性曲线和塑性曲线的交点（工作点）的位置，从而改变轧件的实际轧出厚度。

（1）当来料厚度 H 发生变化时，会使塑性曲线的相对位置和斜率发生变化。如图 12－8 所示，在 S_0 和 K 值一定的情况下，来料厚度 H 增大，塑性曲线的起始位置右移，并且其斜率稍有增大，即轧件的塑性刚度稍有增加，故实际轧出厚度增大；反之，实际轧出厚度要减小。所以，当来料厚度不均匀时，所轧出的轧件厚度将出现相应的波动。

（2）在轧制过程中，当摩擦系数减小时，轧制压力会降低，使得轧出厚度减小，如图 12－9 所示。轧制速度对实际轧出厚度的影响，也是主要通过影响摩擦系数而起作用的，当轧制速度增高时，摩擦系数减小，实际轧出厚度也减小。

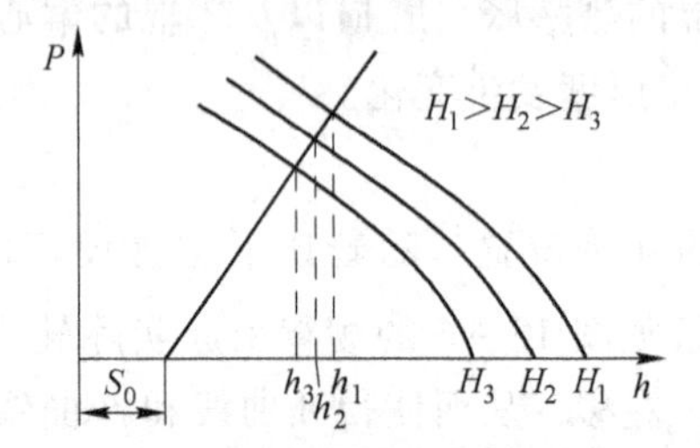

图 12－8　来料厚度变化引起轧出厚度变化

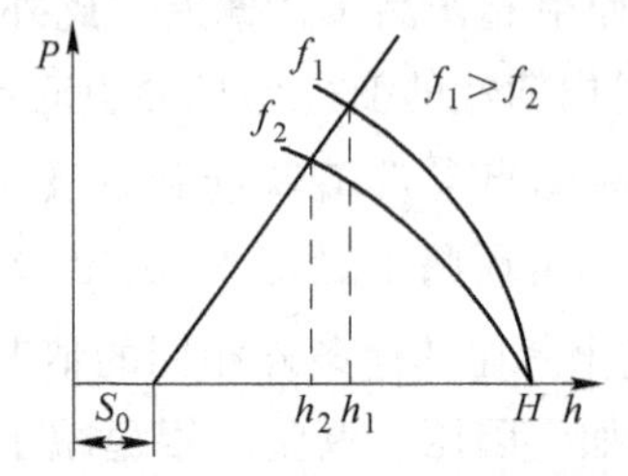

图 12－9　摩擦系数变化引起轧出厚度变化

（3）当变形抗力增大时，塑性曲线斜率增大，即轧件塑性刚度增大，实际轧出厚度增大，如图 12－10 所示。这说明当来料力学性能不均匀或轧制温度发生变化时，轧出厚度必然产生相应的波动。

（4）轧件张力对轧出厚度的影响也是通过改变塑性曲线的斜率来实现的。张力增大时，会使塑性曲线斜率减小，即轧件塑性刚度减小，因而使轧出厚度减小，如图 12－11 所示。热连轧时的张力微调、冷连轧时的较大张力轧制，都是通过对张力的控制，使带钢轧得更薄和进行厚度精确控制。

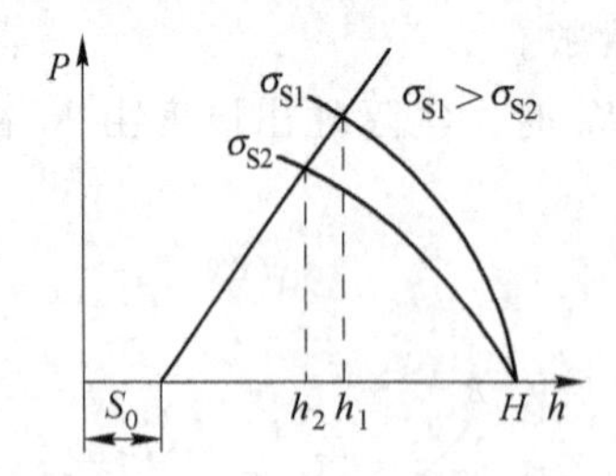

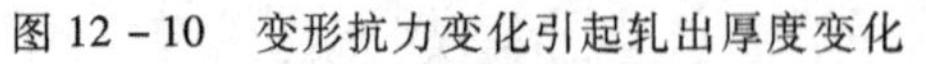

图 12－10　变形抗力变化引起轧出厚度变化

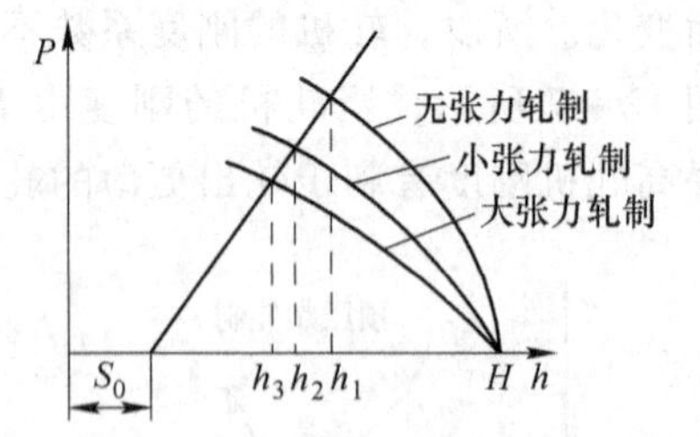

图 12－11　张力变化引起轧出厚度变化

12.2.1.2　通过弹塑性曲线可以很清楚地说明轧制过程中的调整原则

如图 12－12 所示，在一个轧机上，其刚度系数为 K_1（曲线 1），坯料厚度为 H_1（曲线 a），辊缝为 S_1，轧出厚度为 h_1 的轧件，其轧制压力为 P_1。当坏料厚度为 H_2（曲线 b），辊缝仍为 S_1 的情况下，轧制压力将增加为 P_2，使轧出厚度增大为 h_2，这就造成了厚度偏差。如果要保证轧出厚度仍为 h_1，就需对轧机进行调整。

通常采用改变压下位置以改变辊缝的方法来消除厚度差，如曲线 2 所示，辊缝由 S_1 减至 S_2，轧制压力将进一步增大为 P_3，此时轧出厚度保持为 h_1。

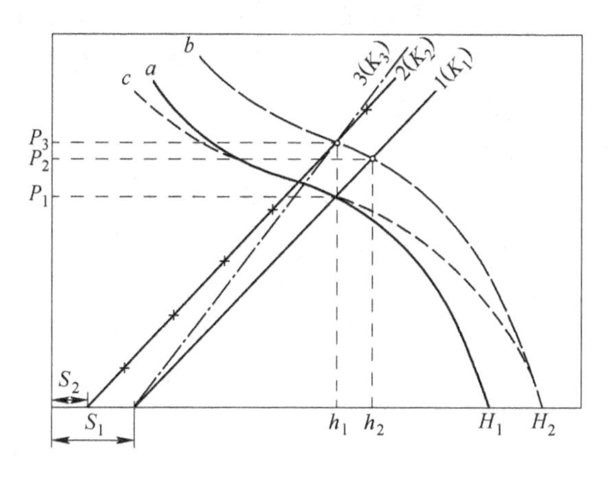

图 12－12　轧机的调整原则示意图

在连轧机或可逆式的带材轧机上，常用改变张力的方法进行调整。如图示中，当张力增加，使轧件的塑性曲线由曲线 b 变成曲线 c 的形状，这时轧出的厚度为 h_1，而轧制压力保持 P_1 不变。

这说明，只要轧制工艺参数发生变化，就要影响轧件尺寸的变化。因此，必须对轧机进行调整来消除其影响，调整的手段为调整压下和张力等。上述调整方法，在实际生产中普遍采用，不论是简单的人工调整的轧机，还是复杂的自动控制的轧机，虽然调整的方式和调整速度不同，但其原理却是一致的。

12.2.1.3　弹塑性曲线是厚度自动控制的理论基础

根据弹塑性曲线，如果能进行压下位置检测以确定辊缝 S_0，那么测出轧制压力 P 就可以确定轧出厚度 h。如果所测得的轧出厚度 h 与目标值有偏差，就调整压下位置以改变 S_0 和 P，直到轧出厚度达到要求为止。

12.2.2　技能训练实际案例

【案例 1】 某热轧厂末架轧机刚度系数为 5MN/mm，实测轧件轧出厚度为 $h=4.0$mm、轧制压力 $P=10.0$MN，预压靠力 $P_0=12$MN。求人工零位的辊缝仪指示值。

解： 由 $h=S_0+\frac{P-P_0}{K}$得：

$$S_0=h-\frac{P-P_0}{K}=4-\frac{10-12}{5}=4.4\text{mm}$$

【案例 2】 某热轧厂末架轧机预压紧力 $P_0=12$MN，该轧机台上显示辊缝值 $S_0=5.9$mm，实测轧件轧出厚度为 $h=5.0$mm、轧制压力 $P=7.05$MN。求轧机刚度。

解： 由 $h=S_0+\frac{P-P_0}{K}$得：

$$K = \frac{P - P_0}{h - s_0} = \frac{7.05 - 12}{5 - 5.9} = 5.5\text{MN/mm}$$

【案例 3】 图 1 所示为轧制时的弹塑性曲线示意图，设轧机的刚度系数为 K、轧件的塑性刚度为 M、原始辊缝为 S_0。若将曲线 A 平移到 A'位置，即辊缝改变量为 ΔS，引起轧出厚度改变 Δh。试分析 ΔS 与 Δh 的关系。

分析：作如图 2 所示的水平线，则

$$\Delta h = fg = fo/\tan\beta = fo/M \tag{1}$$

$$\Delta S = eg = ef + fg = fo/K + fo/M \tag{2}$$

由（1）、（2）两式可得：　　$\Delta S = \left(1 + \dfrac{M}{K}\right) \cdot \Delta h$

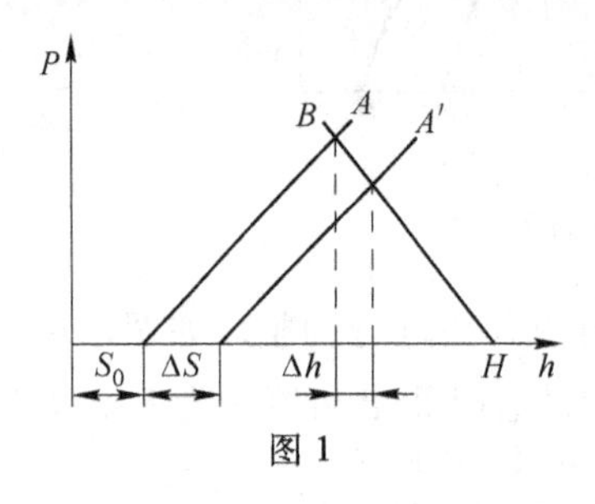

图 1

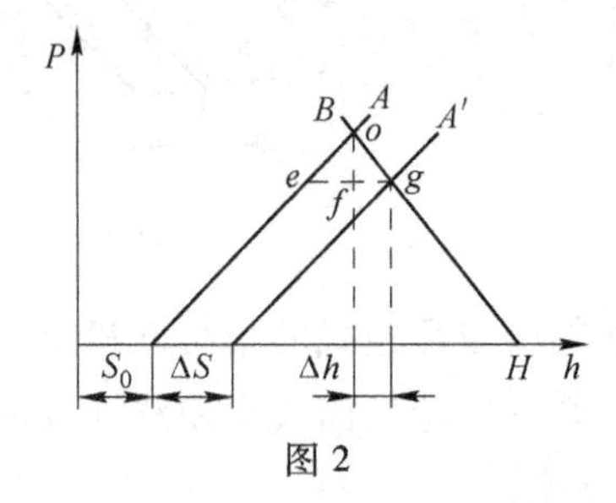

图 2

任务 12.3　课堂实训

任务名称：

$P-h$ 图的应用。

工作任务单：

工作任务单

任务名称： $P-h$ 图的应用	姓名		班级	
	日期		页数	共______页

一、具体任务

如图所示，当原始辊缝为 S_0、来料厚度为 H_1 时，轧出厚度为 h_1。若由于某种原因导致轧制压力产生波动（由 P_1 波动到 P_2），轧出厚度由 h_1 变为 h_2，即产生了 Δh 的厚度偏差。分析轧出厚度偏差 Δh 与轧制压力偏差 ΔP 的关系。若要调整辊缝来消除此偏差，辊缝调整量 ΔS 与 ΔP 有何对应关系？

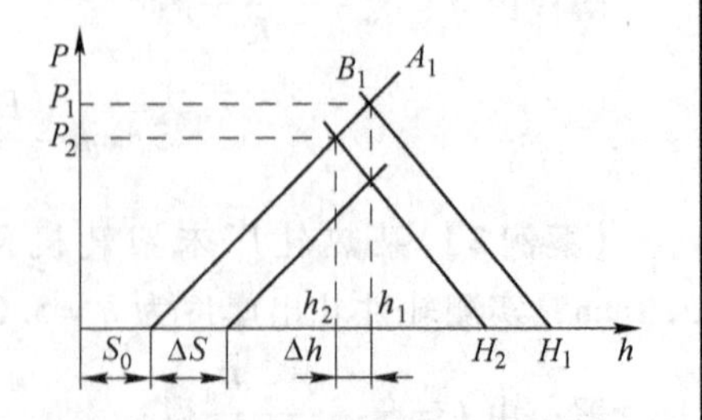

<table>
<tr><td rowspan="2">任务名称：
$P-h$ 图的应用</td><td>姓名</td><td></td><td>班级</td><td></td></tr>
<tr><td>日期</td><td></td><td>页数</td><td>共________页</td></tr>
</table>

二、任务实施

1. 分析轧出厚度偏差 Δh 与轧制压力偏差 ΔP 的关系。

（1）分析过程：

（2）结论：

2. 分析辊缝调整量 ΔS 与 ΔP 的关系。

（1）分析过程：

（2）结论：

检查情况		教师签名		完成时间	

项目任务单

项目名称： 轧制时的弹塑性曲线	姓名		班级	
	日期		页数	共______页

一、判断

(　) 1. 轧机抵抗弹性变形的能力称为轧机刚度。

(　) 2. 轧件的变形抗力越大，轧机的弹跳值越大。

(　) 3. 轧机的刚度增加时，实际轧出厚度将减小。

(　) 4. 轧制压力越大，则轧件压下越多，轧出厚度越小。

(　) 5. 只要轧机原始辊缝不变，不管来料厚度如何波动，轧出厚度都不变。

二、简答

什么是 $P-h$ 图？它有何实际意义？

三、计算

1. 若某道次轧制力 P 为 3000t，轧机刚度 K 为 1500t/mm，初始辊缝 S_0 为 4.5mm，求轧后钢板厚度 h。

2. 已知某轧机刚性系数为 500t/mm，入口厚度 H 为 28mm，辊缝 S_0 为 18mm，预压力 P_0 为 1000t，轧制压力 P 为 2000t，求实际压下量。

四、分析

如图所示，当原始辊缝为 S_0、来料厚度为 H 时，轧出厚度为 h。若来料厚度产生波动（由 H 波动到 H_i），轧出厚度将由 h 变为 h_i，即产生了 Δh 的厚度偏差。分析轧出厚度偏差 Δh 与来料厚度偏差 ΔH 的关系。若要调整辊缝来消除偏差 Δh，辊缝调整量 ΔS 与 ΔH 有何关系？

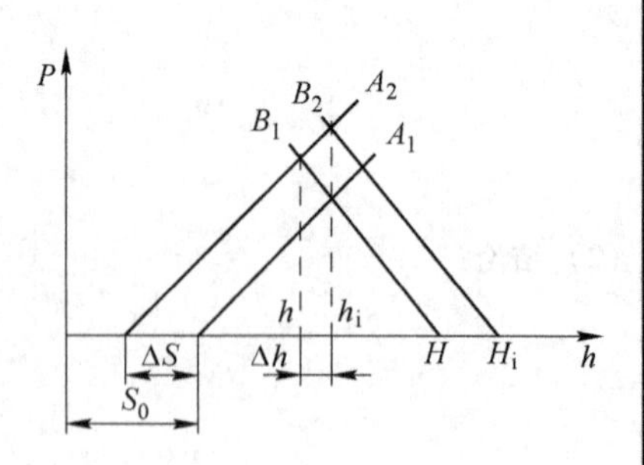

检查情况		教师签名		完成时间	

参 考 文 献

[1] 傅德武．轧钢学［M］．北京：冶金工业出版社，1983.

[2] 汪大年．金属塑性成形原理［M］．北京：机械工业出版社，1986.

[3] 陆济民．轧制原理［M］．北京：冶金工业出版社，1993.

[4] 赵志业．金属塑性变形与轧制理论［M］．北京：冶金工业出版社，1994.

[5] 王甘勋．轧钢原理［M］．北京：冶金工业部工人视听教材编辑部，1995.

[6] 黄守汉．塑性变形与轧制原理［M］．北京：冶金工业出版社，2002.

[7] 任汉恩．轧制原理［M］．北京：兵器工业出版社，2002.

[8] 王廷溥．金属塑性加工学［M］．北京：冶金工业出版社，2012.

冶金工业出版社部分图书推荐